250 만분의 1

250만분의 1

이정모의 자연사 이야기

이정모 지음

나무나무출판사

서문

함께 사는 지구를 위하여

저는 1970년, 초등학교에 입학했습니다. 그해 말 세계 인구는 37억 명이었습니다. 그런데 2017년 말에는 지구 인구가 75억 명으로 늘어나 있죠. 제가 살아 있는 동안에 지구 인구가 두 배 이상 늘어난 셈입니다. 저 같은 50대 사람들이 느끼는 충격은 노인들이 받은 충격에 비하면 아무것도 아닙니다. 1950년에는 인구가 25억 명이었으니 지금 70~80 대 노인들은 자신이 살아 있는 동안 이미 지구 인구가 세 배나 늘어난 것을 목격한 것이니까요. 정말 어마어마한 속도로 인류의 수가 늘어나 고 있죠.

인구가 처음부터 이렇게 기하급수적으로 늘어난 것은 아닙니다. 10 억 명을 돌파한 해는 1804년입니다. 3억 명은 1000년에, 2억 명은 기원 직후에, 1억 명은 기원전 500년에야 돌파했죠. 1,000만 명을 돌파한 해는 기원전 6,000년경입니다. 그리고 신석기 시대에 농사를 짓기 시작한 이후 기원전 1만 년 전경 세계 인구는 100~300만 명뿐이었습니다. 구석기 시대에는 수만 명에 불과했을 것입니다.

인구 곡선을 그려보면 대략 1770년까지는 기울기가 아주 완만하여 서서히 증가하는 산술급수적인 그래프입니다. 그러다가 대략 100년 정도에 걸쳐서 변곡점이 생기고 그 이후에는 기하급수적으로 증가하죠. 기울기가 거의 수직에 가깝습니다. 이런 추세라면 2024년에는 80억 명을, 2050년에는 100억 명을 돌파할 것입니다. 인구 증가 곡선에 변곡점을 가져온 계기는 도대체 무엇일까요? 바로 제1차 산업혁명입니다.

18세기 말에서 19세기 초에 걸쳐 일어난 산업혁명은 지구 생태계에서 가장 극적인 사건일 것입니다. 지구 역사상 전혀 경험할 수 없었던 결과를 가져왔으니까요. 그것은 바로 호모사피엔스라는 단일 종의 생물량이 급격히 늘어났다는 것입니다. 이제는 지구에서 그 어떤 생물 종의 생물량도 호모사피엔스에게 필적하지 못합니다. 이것은 우리 인류가 얼마나 위대한지를 알려주죠. 지구 생명 38억 년의 역사에서 우리 인류처럼 성공한 생물 종은 없었습니다. 우리는 여기에 대해 자부심을 가져도 됩니다.

그런데 말입니다. 인류의 생물량이 약 1만 년 사이에 7,000배 늘어나는 동안 지구의 크기는 변하지 않았다는 게 문제입니다. 지구는 46억 년 전이나 지금이나 변화가 없습니다. 신석기시대가 시작할 무렵 한 사람이 살던 땅에서 제4차 산업혁명이 벌어지고 있는 지금은 7,000명이 살아야 합니다. 신석기시대만 해도 사람들 주변에는 무수히 많은 다른 생명들이 살아갈 터전이 있었습니다. 그 자리를 이제는 사람들이 꽉꽉 채우고 있습니다.

그렇다면 거기에 살던 다른 생명들은 모두 어디로 갔을까요? 늘어난 인류의 생물량만큼 다른 생명체의 생물량은 줄어들 수밖에 없습니다. 개체 수가 급격히 줄었고 제법 덩치가 있던 생물들은 아예 멸종하고 말았습니다. 산업혁명은 인류에게는 축복이었지만 다른 생명체에게는 대재앙이었던 셈입니다.

이렇게 생각하면 농사를 짓기 시작하던 기원전 1만 년경, 즉 신석기시대의 초기 지구는 생명들이 살 만한 곳이었던 것으로 보입니다. 하지만 지구의 입장에서 보면 신석기 혁명이야말로 전대미문의 황당한 사건입니다. 지구의 역사 46억 년 가운데 생명이 살았던 시기는 약 38억 년입니다. 38억 년 동안 그 어떤 생명도 지구 환경을 자기 마음대로 바꾸지 않았습니다. 그저 주어진 환경에 맞추어 살았습니다. 환경이 바뀌었는데 적응하지 못하는 생물 종은 지구에서 사라질 수밖에 없었습니다. 어떤 생명도 지구 환경을 선택하지 못했습니다. 반대로 지구 환경이 거기에 살 수 있는 생물 종을 선택했지요. 자연선택이라는 진화 원리는 38억 년 동안이나 계속되었습니다.

그런데 불과 1만여 년 전, 일군의 호모사피엔스들이 농사를 짓기 시작했습니다. 그들은 자연이 선사하는 동물을 사냥하거나 과일을 따 먹는 대신, 멀쩡한 벌판에 불을 지르고 물길을 돌리고 막아서 농사를 지었습니다. 사냥감과 함께 이동하면서 듬성듬성 사는 대신 한데 모여 살았습니다. 댐을 만들고 농사를 지으려면 노동력이 많이 필요했거든요.

농사라는 전대미문의 사건에 지구는 당황할 수밖에 없었습니다. 지구 환경이 호모사피엔스라는 단일 종에 의해 크게 바뀌었습니다. 인류는 자연이 진화를 통해 만들어낸 생물들을 도태시키고 자신들이 만든 작물로 지구를 덮었습니다. 지금 우리가 먹는 벼, 밀, 보리, 콩, 옥수수, 가지, 수박, 바나나는 자연선택의 결과가 아닙니다. 소, 돼지, 닭 그리고 반려동물로 키우는 개도 마찬가지입니다. 자연의 산물이 아니라 모두 인류가 만든 유전자변형생물(GMO)이지요. GMO는 최근 수십 년 동안 실험실에서만 만들어진 게 아닙니다. 지난 1만 년 동안 들판에서 이미 만들어지고 있었죠. 우리가 먹는 모든 것은 GMO입니다.

위대한 인류는 지구 환경을 바꾸고 자신이 먹기 위한 생물을 새로이 만들어냈습니다. 박테리아와 바이러스를 통해 개체 수를 조절하던 지구 환경의 시도는 이제 통하지 않습니다. 지구는 더 이상 사람을 어찌할 도리가 없습니다. 지구를 이긴 생물 종이라니……. 정말 겸손할 방법이 없네요. 그래서 우리는 정말 위해합니다.

그런데도 우리 인류가 하지 못한 게 있습니다. 바로 지구의 크기를 키우지는 못했다는 것입니다. 그리고 수백만~수억 년에 걸쳐서 생성된 화석 연료를 순식간에 사용해버리고는 그것을 대체할 수단은 찾지 못했다는 것입니다. 어떠한 재생가능 에너지도 화석 연료를 대체할 수 있을 것 같지는 않습니다. 태양 에너지와 풍력 에너지로는 농약도 못 만들고 비료도 만들지 못하니까요. 화석 연료가 떨어지고 나면 지구에 살 수 있는 인류의 수는 산업혁명 직전으로 줄어들 수밖에 없을지도 모르겠습니다.

간혹 두려운 마음에, 그리고 우리 인류에 대한 실망과 분노 때문에 "나는 인류가 없는 지구를 꿈꿔!"라고 말씀하시는 분들이 있습니다. 그러나 저는 그런 지구를 꿈꾸지 않습니다. 우리가 없는데 지구와 자연 그리고 우주가 무슨 소용이 있겠습니까? 이렇게 말하면 "그것은 너무 인간 중심적인 생각이 아닌가요!"라고 따집니다. 하지만 우리는 인간입니다. 인간이 인간 중심적으로 생각하는 게 뭐가 문제인가요. 저는 달팽이, 지렁이, 풍뎅이를 사랑하지만 그들 중심으로 생각하고 살 수는 없습니다. 그들과 함께 살고 싶을 뿐이지, 우리 대신 그들을 살릴 생각은 없습니다.

어떻게 해야 할까요? 우리는 자연에서 배워야 합니다. 우리보다 하찮은 생명들에게 배워야 하지요. 자연 환경의 변화에 적응하지 못하고 사라진 생명, 그리고 우리 때문에 사라질 수밖에 없었던 생명에게 배워야 합니다. 그들의 실패를 우리가 따라하면 안 되니까요. 또 우리처럼 위대하지는 않더라도 어쨌든 살아남은 생명들에게서도 배워야 합니다. 그들은 하찮지만 생존법을 알고 있으니까요.

이 책은 『공생 멸종 진화 - 생명 탄생의 24가지 결정적 장면』(2015년)

의 속편입니다. 전작과 마찬가지로 《중앙SUNDAY》에 한 달에 한 번씩 연재한 글을 스물다섯 편 모았습니다. 이 자리를 빌어 60개월 이상 연재를 허락해 주신 《중앙SUNDAY》 편집진과 지겨워하지 않고 성원해주신 독자 여러분께 감사드립니다.

　제 전공은 생화학이고 직업은 과학관장을 맡고 있는 공무원입니다. 이 분야의 전문가는 아닙니다. 아마도 많은 오류가 포함되어 있을 것입니다. 모두 제 책임입니다. 부족한 글에서 통찰을 얻는 독자가 있다는 것은 오히려 제게 큰 행운입니다. 인류는 위대합니다. 위대한 인류는 곧 닥칠 문제도 해결할 수 있을 것입니다. 우리는 우리를 믿어야 합니다. 저는 독자 여러분을 신뢰합니다.

2018년 2월

서울시립과학관에서 이정모

차례

서문　　　　　　　　함께 사는 지구를 위하여　　　4

1부　　　　　　　　디메트로돈　　　　　　　14
공룡 되살리기　　　익룡　　　　　　　　　23
　　　　　　　　　엘라스모사우루스　　　　33
　　　　　　　　　공룡들의 섹스　　　　　　42
　　　　　　　　　닭은 공룡이다　　　　　　51

2부　　　　　　　　낙타　　　　　　　　　62
포유류로 살아남기　박쥐　　　　　　　　　72
　　　　　　　　　기린　　　　　　　　　82
　　　　　　　　　검치호랑이　　　　　　　92

3부　　　　　　　　메가네우라　　　　　　102
곤충의 번식하기　　바퀴벌레　　　　　　　112
　　　　　　　　　하루살이　　　　　　　120

4부
그 밖의 동물의 역사

펭귄	130
코끼리새	139
헬리코프리온	149
거북	158
해마	167
뱀장어	178

5부
환경과 적응

백악기	190
야행성	201
부리와 이빨	210
빨간색과 흰자위	220
섬 왜소화	229
월경	239
1.5도	249

1부

공룡 되살리기

디메트로돈

공룡과 포유류, 무엇이 먼저 생겨났을까? 사람들은 대개 파충류인 공룡이 포유류보다 먼저 살았던 것으로 생각한다. 1억 6,000만 년 동안 육상을 지배하던 공룡들이 6,600만 년 전 소행성 충돌로 멸종하고 그 자리를 포유류가 차지했다는 것이다. 이것은 맞는 말이다. 하지만 포유류는 공룡과 함께 출연했다. 때는 트라이아스기가 3분의 2 정도 지난 시점인 2억 3,500만 년 전. 중생대는 '트라이아스기 – 쥐라기 – 백악기'로 나뉜다. 공룡과 포유류는 후기 트라이아스기부터 중생대 전반에 걸쳐 나란히 발전하였다. 다만 공룡은 매우 큰 동물로 진화했고 포유류는 중생대 내내 주먹만 한 크기의 야행성 동물로 남아 있을 뿐이었다.

진화 이론을 받아들이는 사람들 중에 흔히 잘못 생각하는 게 있다.

바로 '어류 → 양서류 → 파충류 → 조류 → 포유류 → 인간'이라는 계단식 발전 개념이다. 하지만 혹 지금 이렇게 생각하고 있다고 해도 크게 부끄러워 할 일은 아니다. 이것은 아리스토텔레스 때부터 모든 지식인이 하던 착각이고 아직도 대부분의 사람들이 그렇게 생각하고 있으니까. 그러나 파충류와 포유류는 거의 동시에 등장했다. 그렇다면 그 공통 조상은 무엇일까?

석탄기, 양막류의 등장

가장 먼저 육상으로 진출한 동물은 양서류다. 양서류는 말 그대로 물과 뭍, 양쪽에서 산다는 뜻이다. 말이 좋아서 양쪽에서 산다는 것이지 실제로는 물을 완전히 벗어나지 못했다는 뜻이다. 양서류는 물속에 알을 낳고, 알에서 깨어난 올챙이는 물에서 헤엄을 친다. 그런 다음에야 겨우 뭍으로 올라올 수 있다.

물에서 완전히 벗어난 동물은 양막(羊膜)류다. 양막류는 단 하나의 공통 조상에서 비롯되었다. 양막류는 달걀 같은 껍데기나 질긴 가죽으로 둘러싸인 알을 낳는다. 알의 수분은 증발하지 않지만 산소는 들어오고 이산화탄소는 배출된다. 발육 중인 배아가 바깥 세계로부터 보호되므로 굳이 물속에 알을 낳을 필요가 없고 따라서 올챙이 같은 어린 시절도 겪지 않는다. 양막류는 파충류와 조류 그리고 포유류의 공통 조상이다. 그러니까 네 발 달린 동물 가운데 양서류를 제외한 모든 것들이 양막류에 속하는 셈이다.

양막류는 고생대 석탄기(3억 5,900만 년 전~2억 9,900만 년 전) 후기 동안 폭증하였다. 3억 3,000만 년 전부터 2억 6,000만 년 전까지의 7,000만 년은 지구 대기에 산소가 가장 많았던 시기다. 석탄기 동안에 양막류가 급증한 이유는 분명하다. 육상에 낳은 알은 습기를 보존해야 하므로 껍질에 있는 구멍은 매우 작고 적어야만 한다. 문제는 그렇게 되면 이산화탄소를 바깥으로 배출하기도 어렵고 바깥에서 알 속으로 들어오는 산소의 양도 줄어든다는 것. 산소가 없으면 알은 발달할 수 없다. 양막란이 생존하려면 산소 수준이 오늘날과 비슷하거나 훨씬 높아야 했다는 것을 고려하면 석탄기는 최초의 양막류가 등장하기에 최적의 시점이었다.

재밌는 사실은 양막류들이 이때 발톱을 발달시켰다는 사실이다. 육식 양막류가 먹을 것이라고는 대형 절지동물뿐이었다. 단단한 껍데기가 있는 절지동물을 사냥하기 위해서는 발톱과 함께 강한 턱이 필요했으며 강한 턱은 강력한 근육이 있었음을 의미한다.

석탄기가 끝나기 전에 양막류는 독립적인 세 혈통으로 갈라섰다. 서로 갈라서야 했던 근본적인 이유는 커다랗고 강력한 턱근육 때문이다. 근육이 커다랗게 성장하면서 두개골을 짓눌렀다. 일부 양막류에 양쪽 눈구멍 옆에 또 다른 구멍이 우연히 생겼다. 그러자 커다란 턱근육이 있어도 두개골을 짓누르지 않게 되었다. 이 구멍을 관자뼈창(temporal

무궁류 두개골(Anapsid skull)　　단궁류 두개골(Synapsid skull)　　이궁류 두개골(Diapsid skull)

유양막류는 두개골에 있는 구멍인 관자뼈창의 개수에 따라 무궁류(거북), 단궁류(포유류), 이궁류(기타 파충류와 조류)로 갈라져서 진화한다.

bone window) 또는 측두창(側頭窓)이라고 한다. 관자뼈창의 가장자리에 턱뼈 근육이 붙어 있다.

단궁류, 페름기의 최고 포식자

작은 구멍이 큰 차이를 가져왔다. 관자뼈창의 개수에 따라 혈통이 세 개로 갈라져서 무궁류, 단궁류, 이궁류로 불린다. 무궁류에서 거북이 나왔고, 단궁류에서 포유류가 나왔으며, 이궁류에서 거북을 제외한 모든 파충류(악어, 뱀, 도마뱀, 익룡, 어룡, 공룡)와 조류가 비롯되었다.

단궁류가 가장 먼저 번창했다. 대략 3억 2,000만 년 전인 고생대 석탄기 후반에 처음 등장하였다. 디메트로돈(*Dimetrodon*)은 가장 대표적인 초기 단궁류다. 하지만 아직 포유류로 발전하지는 않은 상태다. 많은 사람들이 디메트로돈을 공룡으로 착각하고 심지어 이것이 공룡이라고 설명해놓은 자연사박물관도 있지만 디메트로돈은 공룡이 아니다. 이런 착각에는 월트 디즈니의 애니메이션 「판타지아」 중 '봄의 제전'의 책임이 크다. 애니메이션에는 디메트로돈이 다른 공룡들과 함께 티라노사우루스에게 쫓기는 장면이 나온다. 공룡은 중생대 트라이아스기가 되어서야 등장하지만 디메트로돈은 고생대 페름기에 이미 등장했다. 디메트로돈은 생긴 것과는 달리 도마뱀 같은 파충류보다는 포유류에 더 가까운 동물이다.

애니메이션 「판타지아」 때문에 디메트로돈은 공룡으로 오인된다.

공룡 되살리기

디메트로돈이라는 이름은 '두 가지 크기의 이빨(di metro don)', 즉 큰 이빨과 작은 이빨을 가지고 있다고 해서 붙은 이름이다. 아주 자세히 보면 어금니, 송곳니, 앞니가 조금 구분된다. 이것은 아주 기막힌 특징이다. 이빨의 종류가 다양하다는 것은 다양한 방식으로 씹을 수 있다는 것을 의미하기 때문이다.

단궁류는 턱을 구성하는 뼈 가운데 상당수가 귓속으로 들어가버리는 바람에 위턱과 아래턱의 관절 부위가 달라졌다. 또한 관자뼈창이 단 하나만 있는 대신 커다랗기 때문에 턱을 닫는 근육 두 개가 발달했다. 그 결과 턱을 여러 방향으로 움직일 수 있게 되었다. 단궁류의 후손인 우리도 입을 위아래뿐만 아니라 양옆으로도 움직인다. 단궁류는 먹이를 삼키기 전에 충분히 작은 조각으로 잘라낼 수 있다.

이에 반해 이궁류는 턱관절 부위가 유연하지 않은 상태 그대로 남았으며, 관자뼈창이 두 개나 생기면서 그 크기가 작아졌다. 덕분에 턱 닫는 근육은 오로지 한 개밖에 생기지 않았다. 그래서 이궁류들은 턱을 위아래로만 움직인다. 즉 한 가지 방식으로밖에 씹지 못한다는 뜻이다. 당연히 이궁류는 이빨도 한 가지다. 모두 고기를 찢기 좋은 송곳니든지 아니면 모두 식물을 으깨기에 좋게 생긴 이빨이든지. 이궁류는 힘들게 씹어서 대충 삼킨다.

따라서 현생 동물도 이빨만 보면 포유류(단궁류)인지 파충류(이궁류)인지 쉽게 구분할 수 있다. 이빨의 종류가 여러 가지면 포유류, 한 가지면 파충류다.

현대의 도마뱀은 다리가 몸통 옆으로 나와 있기 때문에 걷거나 뛰면 몸통이 물결처럼 한쪽으로 뒤틀렸다가 반대쪽으로 뒤틀린다. 왼쪽 다리가 전진하면 오른쪽 폐가 눌리는 식이다. 따라서 발걸음 사이에만 숨을 쉴 수 있기 때문에 뛰면서 숨 쉬는 것은 불가능하다. 이것은 동물이 처음 육상에 정착했을 때부터 계속되고 있는 현상이다. 이렇게 불리한 동물이 육상에 적응하기 위해서라도 대기 중 산소 농도는 높아야만 했다.

단궁류는 다리의 형태도 변화시켰다. 디메트로돈은 현생 도마뱀처럼 걸었지만 단궁류의 다리는 진화를 거듭할수록 몸통 아래로 내려갔다. 걸을 때 몸통이 뒤틀리는 게 줄어들었고 움직이면서도 숨을 쉴 수 있게 되었다.

대멸종 앞에서

단궁류는 석탄기 후기에서 페름기 후반에 이르는 산소 절정기에 다양하게 번성하였다. 페름기가 시작될 무렵인 2억 9,900만 년 전쯤에는 디메트로돈과 같은 단궁류가 육상 척추동물의 70퍼센트 이상을 차지하였다. 몸 길이도 3.6미터 이상으로 커졌는데, 디메트로돈은 등에 돛처럼 생긴 구조물이 달려 있어서 더 크게 보였다.

이 돛 모양의 구조물은 오전에 체온을 급속히 올리는 데 쓰이는 체

고생대 페름기의 대표적인 단궁류 동물인 디메트로돈. 생긴 모습은 공룡과 비슷하지만 포유류에 가깝다.

온 조절 장치였다. 돛이 아침 햇볕을 받을 수 있도록 돌아앉아 큰 몸을 재빨리 덥힌 디메트로돈은 다른 동물보다 먼저 움직여 사냥에 나설 수 있었다. 시뮬레이션에 따르면 200킬로그램 양막류의 체온을 26도에서 32도로 높이는 데는 205분이 걸리지만 돛이 있는 디메트로돈은 80분이면 되었다. 돛은 사냥 시간을 더 늘려주었을 뿐만 아니라 위협과 짝짓기를 위한 과시용으로도 쓰였다. 그것으로 족했다. 산소 절정기에 포유류의 조상인 단궁류는 온혈성(항온성)을 아직은 진화시키지 않은 채 그냥 좋은 시절을 보내고 있었다.

좋은 시절은 지나가기 마련인지 페름기 동안 모든 대륙이 하나로 뭉쳐 판게아라는 거대한 덩어리가 되었다. 살기 좋았던 해안선은 줄어들었고 내륙은 사막으로 변했다. 대기의 산소 수준은 30퍼센트에서 20퍼센트로 급격히 떨어졌고 시베리아에서는 대규모의 화산이 터지면서 온갖 가스가 분출되었다. 100만 년에 걸쳐서 지구 생명의 95퍼센트가 멸종했다. 이궁류에 비해 온갖 장점을 갖고 있던 단궁류 역시 파국 앞에서 무력했다.

그러나 파국은 언제나 새로운 기회다. 이번에는 이궁류가 기회를 잡았다. 중생대 트라이아스기에 들어가자 이궁류는 공룡, 익룡, 어룡이 되어 지구를 지배하였다. 극소수만이 살아 트라이아스기로 넘어온 단궁류는 이제야 양막란 대신 태반을 통해 번식하고 항온성을 획득한다. 마침내 포유류가 된 것이다. 하지만 단궁류는 이제 더 이상 최고 포식자가 아니다. 주먹만 한 크기의 야행성 포유류는 공룡 세상에서 숨죽이며 살아간다.

포유류는 공룡이 멸종한 다음에 생긴 게 아니다. 공룡과 같은 시기에 생겼다. 다만 그때 주도권을 쥐고 있지 못했을 뿐이다. 덕분에 포유류는 6,600만 년 전 다섯 번째 대멸종에서 살아남는다. 세상만사 새옹지마라는 말은 기나긴 진화사에도 통한다.

익룡

지구에는 더 이상 쓸 만한 에너지원이 없다. 그렇다고 해서 절망할
필요는 없다. 인류는 이미 태양계 바깥에서 에너지의 보고를 발견했
다. 판도라(Pandora) 행성이 바로 그것. 지구에서 조금 멀리 떨어져 있기
는 하지만 판도라에는 운옵타이늄(unobtainium) 광석이 무한정 존재한
다. 운옵타이늄은 커다란 산을 통째로 공중에 띄울 수 있을 정도로 강
력한 전자기장을 형성하는 새로운 에너지원이다. 하지만 귀한 것은 쉽
게 얻을 수 없는 법. 판도라 행성의 대기에는 독성 성분이 있어서 지구
인이 자유롭게 활동하기 어려운데다 토착민인 나비(Navi)족과의 관계
도 쉽게 풀리지 않아 협조를 받을 수도 없는 상태인데, 나비족은 이크
란(Ikran)이라는 비행 생명체와 신경망을 통해 연결되어 힘들이지 않고
도 하늘을 날 수 있으니 제압하기도 어렵다. 나비족이 위기에 빠질 때

이크란을 타고 날아다니는 아바타 전사. 영화「아바타」의 한 장면.

면 이크란보다 훨씬 더 큰 비행 생명체인 토루크(Toruk)를 타고 다니는 영웅 토루크 막토(Toruk makto)가 어김없이 등장하여 그들을 침략자로 부터 구해준다. 나비족의 전설에 따르면 지금까지 토루크 막토는 다섯 명에 불과했다.

눈치챘겠지만 여기까지는 2154년을 배경으로 한 제임스 카메론 감독의 영화「아바타」의 배경 설명이다. 모든 영화에 등장하는 남녀의 러브라인과 판도라 행성을 지키려는 주인공 제이크와 나비족처럼 우리도 우리 행성 지구를 지켜야 한다는 카메론 감독의 메시지는 놔두고 우리는 하늘을 나는 거대한 생명체 이크란과 토루크에 집중해보자.

토루크는 '마지막 그림자'라는 뜻이다. 이 섬뜩한 이름은 토루크의 사냥법 때문에 생겼다. 토루크는 하늘에서 먹잇감을 향해 내리꽂듯 날아가 덮친다. 가련한 먹잇감은 생을 마감하기 직전 자기를 덮치는 거대한 그림자를 본다. 바로 토루크의 그림자가 먹잇감이 본 마지막 그림자인 것이다.

벼의 학명(學名)이 오리자 사티바(*Oryza sativa*)이고 사람의 학명이 호모사피엔스(*Homo sapiens*)인 것처럼 토루크에게도 학명이 있다. 레오노프테릭스 렉스(*Leonopteryx rex*)가 바로 그것. 레오는 '사자', 프테릭스는 '날개'를 뜻하고, 영화 「쥬라기 공원」의 주인공인 백악기 말에 살았던 거대한 공룡 티라노사우루스 렉스(*Tyrannosaurus rex*)에도 붙는 렉스는 '왕'이라는 뜻이다. 이름만 봐도 토루크가 얼마나 무시무시한 동물일지 짐작할 수 있다.

익룡 이크란

제임스 카메론 감독이 아무리 창의적인 사람이라고 하더라도 세상에 아무런 단서도 없는 것을 상상해낼 수는 없다. 창의성이란 하늘에서 뚝 떨어지는 것이 아니다. 해 아래에 새로운 것은 없다. 창의성이란 이미 존재하는 것들을 새롭게 조합하고 편집하는 능력이다.

이크란을 보는 순간 누구나 익룡(翼龍)을 떠올린다. 익룡은 영어로는 프테로사우루스(pterosaur)라고 하는데 프테로는 그리스어로 날개라는 뜻이다. 즉 익룡은 '날개 달린 도마뱀'이라는 말이다.

흔히 익룡을 두고 '하늘을 나는 공룡'이라고 설명하지만 이것은 틀린 말이다. 공룡은 다리가 골반에서 수직으로 내려오고 땅에서 살았던 파충류를 말한다. 예전에는 여기에 '중생대'라는 제한이 있었으나 이제는 이 제한을 풀 수밖에 없다. 왜냐하면 신생대에 여전히 살고 있는 새도 현재 공룡으로 분류되기 때문이다.

익룡은 공룡은 아니지만 일부 공룡(새)과 공통점이 있다. 바로 하늘을 날 수 있다는 것. 하늘을 날기 위해서는 무엇보다도 몸이 가벼워야 하고 여기에 덧붙여서 날개가 있어야 한다. 하늘을 나는 동물 가운데 곤충을 제외한 익룡, 박쥐, 새에게는 앞다리가 변해서 만들어진 날개가 있다는 공통점이 있다.

새의 경우 발가락에 해당하는 다섯 개의 뼈가 하나로 합쳐져 있으며 날개는 깃털로 덮여 있다. 이에 반해 포유류인 박쥐와 파충류인 익룡의 날개에는 깃털이 없으며 발가락으로 지탱하는 날개막이 있을 뿐이다. 또한 박쥐와 익룡의 날개막에도 큰 차이가 있다. 박쥐는 길게 발달한 네 개의 발가락뼈로 날개를 지탱하는 데 반해, 익룡은 길게 자란 네 번째 발가락 하나로 날개를 지탱하고 나머지 네 개의 발가락은 날개 바깥으로 나와 있다.

익룡은 새와 가까운 동물이다. 새와 마찬가지로 뼛속이 비어 공기로 차 있다. 가슴뼈에는 비행을 위한 근육이 붙어 있게 하는 커다란 용골

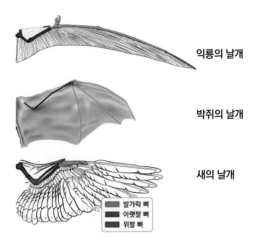

익룡의 날개

박쥐의 날개

새의 날개

발가락 뼈
아랫팔 뼈
위팔 뼈

익룡, 박쥐, 새의 날개 비교. 익룡과 박쥐의 날개에는 깃털 대신 발가락으로 지탱하는 날개막이 있다. 익룡은 네 번째 발가락으로 날개막을 지탱하는 데 반해 박쥐의 날개막은 네 개의 발가락뼈로 지탱한다. 새의 경우에는 발가락에 해당하는 다섯 개의 뼈가 하나로 융합되어 있으며 깃털로 덮여 있다. (안면도 쥬라기박물관)

돌기가 있고 뇌가 상대적으로 커서 비행과 관련한 기능을 수행할 수 있다. 또 익룡과 새는 관절, 근육, 피부와 평형기관에서 오는 신호를 종합하는 뇌의 한 부분인 소엽(小葉)이 크다는 공통점이 있다. 새는 척추동물 가운데 유난히 소엽이 커서 전체 뇌 질량의 1~2퍼센트를 차지한다. 익룡의 소엽은 뇌 질량의 7~8퍼센트를 차지하는데, 아마도 커다란 날개와 주고받는 신호의 양이 많았기 때문일 것이다.

그런데 익룡은 땅에서 어떻게 걸어 다녔을까? 이것을 알려면 익룡이 걸어 다닌 발자국 화석이 있어야 한다. 백악기 익룡 발자국이 발견된

나라는 전 세계에서 아홉 곳에 불과하다. 그 가운데 한국과 스페인에서 가장 많이 발견되었다. 2009년 천연기념물센터 임종덕 박사는 경상북도 군위군에서 세계에서 가장 큰 익룡 발자국 화석을 발견하였다. 발자국은 세 개의 발가락이 있는 앞발의 자국이었다. 일반적인 익룡 보행렬에 발가락이 네 개인 뒷발자국과 발가락이 세 개인 앞발자국이 함께 나타나는 것으로 보아 익룡은 네 발로 걸었다는 것을 알 수 있다.

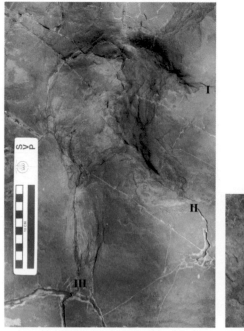
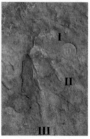

경상북도 군위군에서 발견된 세계 최대의 익룡 발자국. 길이와 폭이 각각 35센티미터와 17센티미터가 넘는다. 발가락이 세 개인 앞발자국. (천연기념물센터)

공룡 되살리기

「아바타」에 나오는 이크란을 보고서 나는 익룡 가운데 프테라노돈 (*Pteranodon*)을 떠올렸다. 북아메리카 백악기 후기 지층에서 1,200개 이상의 화석 표본이 발견되었으며 서대문 자연사박물관을 비롯한 세계 유명 자연사박물관에 골격이 전시되어 있어서 일반인들에게도 가장 많이 알려진 익룡이다. 프테라노돈이라는 이름은 날개(ptera)는 있지만 이빨(don)은 없다(no)는 특징을 알려준다.

프테라노돈은 날개를 펴면 그 폭이 6미터에 달한다. 꽤 큰 편이다. 하지만 사람을 태우고 다닐 정도는 아니다. 2015년에 개봉한 「쥬라기 월드」에서는 익룡들이 사람들을 뒷발로 잡아서 날아가지만 말도 안 되는 얘기다. 익룡은 날개가 한 번 찢어지면 영원히 날 수 없어서 다른 동물의 먹잇감이 되기 십상이다. 프테라노돈의 비행막은 두께가 1밀리미터에 불과하다. 프테라노돈이 무리를 할 이유가 없다.

토루크는 케찰코아틀루스

그렇다면 「아바타」의 토루크에 해당하는 익룡은 어떤 것일까? 중앙 아메리카 아즈텍 신화에는 날개 달린 뱀 모습의 신이 등장한다. 그의 이름은 케찰코아틀(Quetzalcoatle)로 바람과 태양과 풍요와 평화의 신이다.

케찰코아틀의 이름을 딴 익룡인 케찰코아틀루스(*Quetzalcoatlus northropi*)는 6,800만 년 전 중생대 끝 무렵인 백악기 후기에 북아메리카에 살았다. 날개를 펴면 그 폭이 10~12미터에 달하는 거대한 익룡이었다. 서 있을 때 키는 오늘날의 기린 이상이었다.

케찰코아틀루스는 한때 물고기를 먹었을 것으로 여겨졌다. 왜냐하면 다른 익룡들과 달리 이빨이 없으며 대부분 강가의 퇴적층에서 발견되었기 때문이다. 하지만 현재는 오늘날 아프리카에 살고 있는 뱀잡이수리나 우리나라의 황새처럼 육지의 작은 동물을 먹었을 것으로 생각한다. 물론 작은 공룡 새끼도 부리로 잡아 올린 후 꿀꺽 삼켰을 것이다.

케찰코아틀루스는 1971년 처음 발견되었을 때부터 도대체 어떻게 날았을지가 최대의 의문이었다. 종명(種名)을 항공기 개발자이자 공기역학 전문가인 존 노스롭(John Knudsen Northrop)의 성에서 따와 노르트로피라고 정했을 정도다. 케찰코아틀루스가 비록 F-16만 한 날개가 있고 또 비행막의 두께도 팔꿈치 쪽은 무려 23센티미터일 정도로 매우 두꺼워서 비행 중 쉽게 찢어지지는 않았다고 하더라도 머리 길이만 거의 사람 키만 하고 몸무게도 100킬로그램에 육박하는 몸체로 날개를 퍼덕여서 하늘로 날아올랐을 것 같지는 않다.

연구자들은 케찰코아틀루스의 화석이 강가에서 발견되는 이유가 먹잇감 때문이 아니라 비행 방식에 있다고 생각한다. 케찰코아틀루스는 네 발을 이용하여 경사가 있는 지형이나 절벽으로 이동한 후 여기서 뛰어내려 활강해야 비행이 가능했다. 경사로를 쉽게 확보하기 위해서는 강둑 같은 지형에 살아야 했던 것이다.

케찰코아틀루스의 다리 골격 비율이 오늘날의 발굽동물의 다리 비

거대한 익룡 케찰코아틀루스는 티라노사우루스와 같은 시기에 살았다.
땅에 서면 키가 오늘날의 기린과 맞먹을 정도로 컸다.

익룡이 걷는 모습을 상상하여 복원한 그림.

율과 비슷한 것으로 보아 하늘을 날아다니기보다는 네 발로 어기적거리면서 육지를 돌아다니는 시간이 훨씬 더 많았을 것이다.

이크란과 쏙 빼닮은 익룡의 발견

2014년 9월 중국 랴오닝성의 1억 2,000만 년 전 백악기 초기 지층에서 새로운 형태의 익룡이 발견되었다. 키는 75센티미터이고 날개를 펴면 폭이 1.5미터에 불과한 작은 익룡이다. 그런데 아래턱 끝부분에 특징적인 판 모양의 돌출부가 달려 있었다. 과학자들은 이것이 펠리컨의 목 밑에 처진 살처럼 신축성이 좋은 턱주머니라고 생각한다. 발견자들은 이 새로운 익룡에게 이크란드라코 아바타르(*Ikrandraco avatar*)라는 이름을 붙였다. 영화 「아바타」에 등장하는 이크란과 닮은 익룡이라는 뜻이다.

이것은 문화 현상이 과학의 영향을 받는 것처럼 과학 역시 문화 현상의 영향을 받는다는 것을 보여주는 하나의 예다.

공룡 되살리기

엘라스모사우루스

서대문 자연사박물관 3층에 들어서면 지구와 달 모형 사이에 매달려 있는 거대한 중생대 파충류 엘라스모사우루스가 헤엄치고 있는 중생 대 풍경화를 한눈에 볼 수 있다. 엘라스모사우루스는 수장룡의 일종이 라는 설명문을 본 아빠들은 아이들에게 재치 있게 설명한다. "저기 봐. 엘라스모사우루스는 수장룡이야. 수장룡은 물에 사는 긴 공룡이란 뜻 이지." 아빠들은 수장룡을 '水長龍'이라고 이해하고 이렇게 설명했지 만 수장룡은 사실 '首長龍'으로 목이 길다는 뜻이다.

그런데 아빠들이 이렇게 설명하는 것은 충분히 이해할 만하다. 엘라 스모사우루스는 물에 살고 몸이 길기 때문이다. 엘라스모사우루스를 처음 발견한 에드워드 드링커 코프(Edward Drinker Cope, 1840~1897)는 긴 목을 꼬리라고 생각하고 짧은 꼬리를 목이라고 여겨 꼬리에 두개골을 없는 실수를 저질렀다.

과학에서는 누구나 실수할 수 있고 그 실수를 비판하는 것은 동료 과학자로서 아주 자연스러운 일이다. 코프의 강력한 라이벌이었던 오스니얼 찰스 마시(Othniel Charles Marsh, 1831~1899)는 코프가 재현한 엘라스모사우루스가 매우 모순된 구조를 가지고 있으며 꼬리에 머리를 두었다고 지적하며 비판하였다. 하지만 코프는 마시의 비판이 도를 넘어선 조롱으로 받아들였다. 그리고 끝없는 복수가 이어진다.

공룡 화석 전쟁

코프는 위대한 고생물학자로 비교해부학, 양서파충류학, 어류학, 화석척추동물학 분야에서 1,400여 편의 논문을 발표하였다. 코프는 미국의 부유하고 영향력 있는 가문 출신으로 열아홉 살에 첫 번째 논문을 발표하고 스물네 살에 이미 과학아카데미 회원이 되었으며 대학교수 자격으로 서부로 답사를 나갔다. 그의 라이벌인 마시에게는 부자 삼촌이 있었다. 마시는 삼촌 조지 피바디를 설득해서 피바디 자연사박물관(Peabody Museum of Natural History)을 세우고 자신이 박물관장으로 취임한다. 서른여덟 살 때 삼촌이 죽자 모든 재산을 물려받아 풍족한 자금을 활용하여 19세기에 가장 저명한 고생물학자 가운데 한 명이 된다.

그때나 지금이나 화석 탐사는 돈이 많이 드는 작업이다. 그리고 무

서대문 자연사박물관 3층 천장에 매달려 있는 장경룡(수장룡) 엘라스모사우루스의 밑면. (서대문 자연사
박물관)

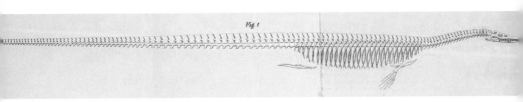

코프는 머리와 꼬리를 반대로 생각하고 두개골을 꼬리에 붙여놓았다. 라이벌인 오스니얼 찰스 마시는
이 실수를 발견하고 코프를 조롱했다.

엇보다 탐사대의 협력이 매우 중요하다. 그런데 두 사람은 돈과 협력을 이상한 방식으로 사용하였다. 한번은 마시와 코프가 함께 뉴저지에 있는 코프의 탐사지로 답사를 갔다. 이곳은 코프의 탐사지였다. 그런데 마시는 코프의 일꾼들을 매수했다. 화석을 발견하면 코프가 아니라 자신에게 가져오게 시킨 것이다. 코프도 마찬가지로 와이오밍에 있는 마시의 사유 탐사지에서 몰래 화석을 채집했다. 두 사람은 협력이 아니라 반목의 관계에 놓이게 되었다. 발표하는 글 그리고 책을 통해서 서로를 비난했다.

엘라스모사우루스에 대한 코프의 잘못된 해석을 지적한 마시의 논문도 이때 나왔다. 코프는 자신의 실수를 덮기 위해 그 논문이 실린 저널을 닥치는 대로 사 모았으며, 마시는 코프의 실수를 널리 알리는 데 더 힘을 쏟았다. 코프는 엄청난 속도로 많은 분량의 논문을 쏟아냈기 때문에 당연히 실수가 많을 수밖에 없었다. 마시는 코프의 실수를 찾아 내 지적하고 조롱하였다. 마시라고 해서 실수가 없는 과학자는 아니었다. 아파토사우루스의 골격에 엉뚱한 두개골을 이어 붙여놓고서는 브론토사우루스라고 이름 붙이기도 했다.

1864년 독일 베를린에서 처음 만나 교류하던 두 사람의 사이는 겨우 9년이 지난 1873년 봄 무렵부터는 적개심만이 남았다. 코프와 마시는 발굴 속도를 높이기 위해 다이너마이트를 공공연히 사용하면서 수많은 화석을 파괴하였다. 서로 상대방 탐사대를 매수하여 염탐질을 하고 화석을 파괴하거나 발굴지를 흙과 바위로 메우기까지 했다. 심지어 코프와 마시 탐사대가 서로에게 돌을 던지며 싸운 일도 있다. 다른 정상적인 탐사대마저 그들의 다툼에 질려서 탐사를 포기하는 지경에 이르렀다.

코프와 마시의 반목은 신문의 일면을 장식하기도 했다. 코프는 표절과 탐사자금 낭비 혐의로 마시를 비난했고, 마시 역시 이야기를 만들어 코프를 고발했다. 두 사람의 싸움은 당시 과학자들을 의기소침하게 만들었는데 특히 지질학과 고척추동물학자들은 두 사람의 싸움 속에서 자신들의 실수를 발견하고 더욱 주춤하게 되었다.

협력 없는 경쟁의 결과는 파멸

두 사람의 결판은 결국 나이가 결정하는 듯 보였다. 코프보다 아홉 살이 많은 마시의 동료들은 죽거나 은퇴하여 마시를 과학적으로 뒷받침하지 못했다. 게다가 사치스런 생활이 마시의 발목을 잡았다. 마시는 과학아카데미 회장직을 사임해야 했지만 코프는 동물학 교수로 승진했고 미국 과학진흥협회 회장으로 선출되었다.

그러나 싸움은 쉽게 코프의 승리로 끝나지 않았다. 최고의 고생물학자에게 주는 퀴비에 메달은 마시에게 돌아갔다. 그렇다고 마시의 승리도 아니었다. 둘 다 불행한 말년을 맞았다. 1877년에서 1892년까지 두 사람은 탐사대를 지원하고 화석을 확보하기 위해 화석 사냥꾼을 고용하느라 자신의 재산을 마구 썼다. 공룡 화석 전쟁이 끝날 무렵에는 둘다 파산하고 말았다. 코프는 생계를 유지하기 위해 화석 수집품을 팔아야 했으며, 마시 역시 집을 담보로 대출을 받고 예일대학에 밀린 임금을 달라고 사정까지 해야 하는 형편이었다.

코프는 1897년 사망할 때까지도 마시에 대한 경쟁심을 거두지 못했다. 당시는 뇌의 크기가 지능의 실제적인 척도로 여겨질 때였다. 죽음을 앞둔 코프는 자신의 두개골을 과학 발전을 위해 기증하여 자신의 뇌가 마시의 것보다 크다는 것이 증명되기를 바랐다. 하지만 마시는 도전을 받아들이지 않았다.

볼썽사나운 싸움에도 불구하고 두 사람의 업적은 놀라웠다. 코프와 마시 이전에는 북아메리카에서 발견된 공룡이 아홉 종뿐이었는데, 코프는 56종의 새로운 종을 발견하였다. 마시는 무려 80종의 새로운 공룡을 발견했다. 두 사람의 발견이 갖는 과학적 가치는 이루 말할 수 없을 정도다. 알로사우루스, 카마라사우루스, 코엘로피시스, 디플로도쿠스, 스테고사우루스, 트리케라톱스가 모두 그들의 발견 목록에 있다. 두 사람의 발견 없이는 어떤 공룡 관련 책도 쓸 수 없을 정도다.

그뿐만 아니다. 당시 고생물학자들과는 달리 그들의 이론은 아직도 통용되고 있다. 예를 들어서 새는 공룡의 후손이라는 마시의 주장이 대표적이다. 고생물학자와 진화생물학자들은 오랫동안 동물의 몸 크기가 변화를 일으키는 원인에 대해 논쟁해왔는데, 주요 이론 가운데 하나가 코프의 법칙이다. 코프의 법칙에 따르면 어떤 종을 형성하는 집단의 몸 크기는 시간이 지남에 따라 더 커지는데, 이것은 몸이 크면 잡아먹

에드워드 드링커 코프(왼쪽)와 오스니얼 찰스 마시(오른쪽). 두 사람은 고생물학에 엄청난 기여를 했음에도 불구하고 최악의 경쟁 관계로 인해 어떠한 존경도 받지 못하고 있다.

힐 확률이 줄어들고 먹이는 더 많이 잡을 수 있기 때문이라는 것이다. 2015년 11월 12일에는 코프의 법칙과 잘 맞아떨어지는 고생대 데본기 동물의 몸집 증가에 대한 증거가 발견되었다는 펜실베니아 대학 연구팀의 논문이 『사이언스』지에 발표되기도 했다. (창조과학자들은 현생 생물이 고생물보다 몸집이 훨씬 작다는 이유를 들어 코프의 법칙이 틀렸다고 주장하지만, 몸집이 줄어든 것은 대멸종의 결과일 뿐이다. 멸종 이전에는 생태계가 안정적이므로 큰 몸집까지 자란 후 번식해도 괜찮지만 대멸종 이후 생태계가 불안정할 때는 좋지 않은 전략이다. 작고 빠른 속도로 번식하는 게 훨씬 유리하다. 그리고 지금은 여섯 번째 대멸종기다.)

그러나 많은 업적에도 불구하고 아무도 그들을 존경하지 않는다. 코프와 마시의 싸움은 고생물학계에 오랜 시간 혼란을 남겼기 때문이다.

두 사람은 서로를 능가하기 위해 발견한 뼈를 무턱대고 조립하고는 새로운 종으로 발표한 경우가 많았다. 두 사람이 죽은 후 수십 년 동안 고생물학자들은 그들의 실수를 되돌리느라 고생했다. 협력 없는 경쟁은 결국 속도전일 뿐이며, 브레이크 없는 질주의 결말은 파멸이다. 두 사람의 지나친 경쟁은 자신뿐만 아니라 미국 고생물학계 전체에 큰 다격을 주었다. 학회의 역할을 진지하게 고민하게 하는 대목이다.

장경룡 엘라스모사우루스

엘라스모사우루스는 공룡이 아니다. 공룡은 육상에 살았다. 그렇다고 해서 물고기와 비슷하게 생긴 어룡도 아니다. 중생대는 트라이아스기 – 쥐라기 – 백악기로 구성되는데, 트라이아스기부터 살았던 어룡은 백악기에 들어서자 점점 줄어들었다. 물고기와의 경쟁에서 이기지 못했기 때문이다.

'얇은 판 도마뱀'이라는 뜻의 엘라스모사우루스는 육지에는 트리케라톱스와 티라노사우루스가 살고 하늘에는 거대한 익룡 케찰코아틀루스가 날던 중생대 백악기 말 북아메리카 바다에 살았던 수장룡이다. 요즘은 수장룡을 장경룡(長頸龍)이라고도 부른다. 말 그대로 목이 길다는 뜻이다. 목뼈가 무려 71개나 된다. 척추동물 가운에 이만큼 목뼈가 많은 동물은 거의 없다. 사람과 고래 그리고 기린은 모두 목뼈가 일곱 개다. 장경룡이라고 하면 아빠들이 아이들에게 틀린 설명을 하지는 않을 것이다.

엘라스모사우루스는 목이 길었지만 심해에 살지는 않았다. 다른 파충류와 마찬가지로 물 위로 목을 내밀고 허파로 숨을 쉬어야 했기 때문이다. 또 목을 바다 바깥으로 내밀어서 날아다니는 익룡을 잡아먹지도 못했다. 엘라스모사우루스의 목은 위아래로 자유롭게 꺾이지도 않았고 무엇보다 녀석의 목구멍은 매우 좁았기 때문이다. 바다에 빠진 익룡이라도 삼키는 날에는 질식사했을 수도 있다. 주로 물고기나 오징어 같은 연체동물을 잡아먹었다. 그렇다면 알은 육지에 낳았을까 아니면 수중 분만 했을까? 이것은 아직도 알 수가 없다.

엘라스모사우루스는 멋지고 거대하고 재밌는 이야깃거리가 많은 동물이다. 그런데 관람객을 안내할 때 엘라스모사우루스 앞에만 서면 코프와 마시의 어처구니없는 행태를 길게 설명하게 된다. 덕분에 엘라스모사우루스마저 뭔가 꺼림칙한 동물이 되어버린다. 하지만 이것은 엘라스모사우루스의 잘못이 아니다. 오로지 연구자들의 잘못으로 멸종한 동물의 명예가 실추되는 것 같아 매우 미안하다. 혹시 지금도 우리가 이런 잘못을 저지르고 있지는 않은지 돌아봐야 한다.

공룡들의 섹스

"적어도 동물에게 수컷은 왔다가 사라지는 존재이다. 수컷의 95퍼센트는 암컷 근처에도 못 가보고 쭉정이로 살다가 갈 뿐이다." 최재천 교수의 말이다. 신문 칼럼에서 이 대목을 접하고서 나는 인간으로 태어난 것에 대해 무한히 감사했다. 나는 이미 무수히 많은 짝짓기 행동을 했으며 후손을 둘이나 남겼으니 얼마나 다행인가! 그런데 내가 인간이 아니라 중생대 공룡으로 살았으면 어땠을까?

초식공룡의 짝짓기

나는 스테고사우루스다. 약 1억 5,000만 년 전 쥐라기 후기에 북아메리카 서부와 유럽에 살았다. 가끔 인간들이 나 스테고사우루스와 저 흉악한 티라노사우루스가 같이 살고 있는 모습을 그리는데, 나와 티라노사우루스의 시대 차이는 티라노사우루스와 인간의 시대 차이보다 훨씬 멀다. 그러니 나와 티라노사우루스를 같이 그리는 짓은 제발 멈춰주기 바란다. 내가 살던 시대에는 알로사우루스란 놈이 살고 있었다.

나는 인간 어린이들에게 인기가 아주 좋다. 공룡에 대한 어린이들의 기대에 걸맞게 육중한 체격, 앞다리가 뒷다리보다 조금 짧아서 둥글게 휘어진 등, 그리고 꼬리에 달린 4개의 골침과 등에 두 줄로 붙어 있는 40개의 골판에 매력을 느끼기 때문이다. 인간 어린이들은 내 골침과 골판에 관심이 많지만, 이것들은 인간의 관상용으로 있는 것이 아니다. 골침은 나를 노리는 육식공룡에 대한 위협 수단이다. 꼬리를 이리저리 흔들면서 걷노라면 육식공룡들은 가까이 올 엄두를 못 낸다. 가끔 배고픔을 참지 못하고 겁 없이 혼자 덤비는 놈들이 있는데 한 방이면 저승으로 보낼 수 있다.

내 생애의 목표는 후손을 남기는 것. 번식이야말로 모든 생명의 지고지순한 목표 아니던가! 후손을 남기려면 짝짓기를 해야 한다.

동물들은 대개 암컷과 수컷이 다르게 생겼다. 인간들은 굳이 이것을 '성적이형성(性的異形性)'이라는 어려운 말로 표현한다. 우리 스테고사우루스의 골판은 암수에 따라 모양이 다르다. 인간들은 이걸 2015년에야 겨우 알아차렸다. 암컷에게는 길고 날카로운 골판이 있으며, 이에 비해 수컷들은 넓고 둥글어 표면적이 45퍼센트 정도 더 큰 골판이 있

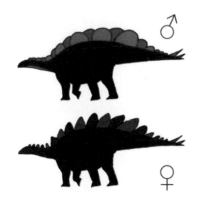

해부학적 조사를 통해 복원한 스테고사우루스 므조시(Stegosaurus mjosi) 수컷(위쪽)과 암컷(아래쪽)의 형태. 골판을 비롯한 초식공룡의 각종 장식은 암수를 구분하는 역할을 했다.

다. 이걸 어떻게 알아냈냐고? 인간들의 커다란 두뇌에는 '직관'이라는 멋진 기능이 장착되어 있기 때문이다. 핸디캡 가설이라는 게 있다. 수컷은 자신이 진화적으로 더 적합하다는 것을 증명하기 위해 거추장스러운 것을 몸에 달고 다닌다는 가설이다. 길고 뾰족한 골판은 포식자에게 위협이라도 되지만 넓은 골판은 몸을 크게 보이려는 장식에 불과하다. 그러니 넓은 골판이 있는 개체가 수컷이라는 것이다.

고백하건대 나는 머리가 그다지 좋지 못하다. 몸통에 비해 머리가 지나치게 작지 않은가! 내 몸통은 대략 작은 버스만 하지만 내 두뇌는 아주 작다. 우리를 중상모략 하는 이들은 우리 스테고사우루스의 뇌가 호두만 하다고 말하는데, 우리 몸집이 커서 작게 보일 뿐이지 개의 뇌와 같은 크기다. 4.5톤의 몸통에 뇌는 80그램 크기에 불과하지만 느릿느릿 단순하게 사는 데는 부족하지 않은 지능을 가졌다. 괜히 두뇌를 키우느라 에너지를 낭비할 필요가 없다. 가만히 서 있는 나무만 먹으면 되기 때문이다. 간혹 내가 풀을 먹고 살았다고 생각하는 인간들이 있는데, 내가 살 때는 풀 같은 것은 아예 없었다. 풀은 나중에, 아주 나중에 생긴다. 골판이라는 누가 보더라도 확실한 특징이 우리에게 없었다면 어떤 놈이 우리와 같은 종족인지, 또 어떤 놈이 내가 쫓아가야 할 암컷인지 구분하지 못했을 것이다.

그건 그렇고 나는 오늘도 짝짓기를 못했다. 나는 아마 95퍼센트의 수컷에 속하나 보다.

목긴공룡의 짝짓기

나는 브라키오사우루스다. 쥐라기 말기에서 백악기 초기까지 북아메리카와 아프리카 북부, 유럽에 산 목긴공룡이다. 어려운 말로 용각류(龍脚類)라고 한다. 나는 전 세계 공룡 팬들의 로망이며 대한민국 만화 「아기공룡 둘리」에서 둘리의 엄마로 등장하기도 한다. 그런데 웃기게도 둘리는 우리 브라키오사우루스를 하나도 닮지 않았다. 목이 길기는커녕 있는지 없는지도 구분이 안 된다. 아무리 봐도 둘리는 우리 브라키오사우루스에 속하지 않는 것 같다.

내 긴 목을 보고서 자꾸 높이 있는 건물을 들여다보고 있는 모습으로 그리는데, 사실 난 목을 앞으로 길게 빼고 걸었다. 목을 곧추세우고 걸는다고 생각해보라. 머리 끝까지 피를 올려 보내느라 심장이 얼마나 힘들겠는가? 또 우리 목 관절은 아래쪽으로 잘 움직이게 되어 있다. 「쥬라기 공원」이란 영화에서는 내가 두 발로 서기도 하더라. 하지만 난 앞다리가 뒷다리보다 훨씬 더 길고 무게중심도 앞다리 쪽에 있다. 짧고 약한 뒷다리로 서기도 어렵고 굳이 설 필요도 없다.

나는 암컷을 만나 짝짓기를 하고 싶다. 어떻게 해야 할까? 공룡의 짝짓기 분야에서 선구자라고 할 수 있는 영국의 비버리 할스테드(Beverly Halstead, 1933~1991) 박사가 제안한 '공룡 스타일'을 따라할까? 저기 암컷이 보인다. 암컷과 나란히 걸으면서 호감을 불러일으킨다. 암컷이 멈추면 등에 올라탄다. 나를 받아들일 준비가 되어 있다면 내 생식기가 접근하기 좋게 엉덩이를 들어올리고 꼬리를 휘어서 옆으로 치워줄 것

육중한 공룡은 부력을 얻기 위해 물속에 들어가서
짝짓기를 했을 가능성이 높다.

공룡 되살리기

이다. 실패다! 너무 불안정한 자세다. '공룡 수마트라'도 아니고…….

문제는 40톤이나 나가는 몸무게다. 우리처럼 육중한 공룡에게 짝짓기는 불가능할까? 시카고 대학의 스튜어트 랜드리(Stuart Landry) 박사는 중요한 힌트를 주었다. 물이다. 물의 부력의 도움을 받아야 한다. 나는 암컷을 호수로 유인해야 했다. 여기에 실패한 나는 결국 95퍼센트의 수컷 가운데 하나가 되고 말았다.

육식공룡의 짝짓기

나는 티라노사우루스 렉스다. 아마 세계에서 가장 유명한 공룡일 것이다. 불과 6,800~6,600만 년 전 북아메리카 서쪽에 살았다. 거의 마지막 공룡이라고 보면 된다. 내가 날랜 사냥꾼이라느니 굼뜬 시체 청소부라느니 말이 많지만 나는 거기에 관심이 없다. 어떻게든 배를 채우고 암컷을 찾아 짝짓기를 하고 후손을 남기는 게 삶의 유일한 목표다.

암컷을 어떻게 찾을까? 스테고사우루스나 트리케라톱스처럼 장식이 특이하여 자기 짝을 쉽게 찾을 수 있는 초식공룡과 달리 우리 육식공룡은 이렇다 할 특징이 없다. 하지만 걱정할 필요가 없다. 우리에겐 기다란 관 모양의 큰 뇌가 있어서 제법 똑똑하기 때문이다.

동물의 암컷과 수컷을 구분하는 방법에는 여러 가지가 있다. 첫째는 색깔이다. 새를 보자. 보통 암컷보다 수컷의 색깔이 화려하다. 장식도 중요한 요소다. 가지진 뿔은 수컷 사슴에게만 있다. 크기 역시 중요한 요소다. 예외가 많기는 하지만 주로 수컷이 암컷보다 크다. 행동도 다르다. 새 가운데도 수컷들은 특이한 울음소리로 노래를 한다. 색깔, 크기, 장식과 행동은 암수를 구분하는 데 쓰이면서 동시에 짝짓기를 하는 데 강력한 경쟁 요소가 된다.

그런데 이런 요소들로 인간들은 우리 육식공룡의 암수를 가르지는 못한다. 첫째, 우리는 뼈와 이빨만 남겼을 뿐 피부와 깃털을 남기지 않았다. 우리의 피부와 깃털이 어떤 색깔과 문양을 가졌는지 인간들은 모른다. 크기도 실마리가 되지 않는다. 우리 파충류는 평생 자란다. 지금까지 발견된 티라노사우루스는 30킬로그램에서 5.4톤에 이르기까지 크기가 다양하다. 가장 작은 개체의 나이는 두 살, 가장 큰 개체는 스물여덟 살로 추정된다. 공룡의 크기는 나이를 짐작하게 할 뿐 암수를 가르쳐주지는 않는다.

하지만 우리도 알을 낳기 때문에 인간들에게 해부학적인 힌트를 주는 친절을 베풀 수는 있다. 우리 티라노사우루스는 골밀도가 높은 '강건한(robust)' 형태와 골밀도가 낮은 '연약한(gracile)' 형태로 나뉜다. 사람들의 예상과는 달리 강건한 형태가 암컷이다. 왜냐하면 '강건한' 표본의 골반이 더 넓었다. 골반이 더 넓으면 알이 쉽게 통과했을 것이다. 또 암컷 악어의 첫 번째 꼬리 척추골에 있는 '∧' 모양의 구조가 강건한 형태의 티라노사우루스 첫 번째 꼬리 척추골에서 발견되었다. 지금까지 발견된 티라노사우루스를 비교해보면 확실히 암컷이 수컷보다 컸다.

대부분의 공룡들은 개와 같은 자세로 짝짓기를 했다.

인간이 우리 티라노사우루스의 암수를 해부학적으로 구분할 수 있다지만 우리가 상대방을 미리 해부해보고 짝짓기를 하는 것은 아니다. 우리 몸에는 털이 덮여 있고 행동도 다르다. 우리 육식공룡들은 충분히 짝을 구분할 수 있었다. 어떻게 구분했냐고? 안 알려준다. 그것을 알아내는 일은 당신들의 일이다. 힌트는 새에게 있다. 새는 살아 있는 공룡이다. 우리의 짝짓기 행동은 새의 짝짓기 행동과 아마 비슷했을 것이다.

우리는 대개 같은 체위로 짝짓기를 했다. 암컷이 쭈구리고 앉으면 수컷은 뒤에서 올라타서 암컷의 어깨에 앞발을 얹는다. 그러면 암컷은 꼬리를 한쪽으로 치워 수컷 페니스가 접근하기 좋게 해준다. 개가 짝짓기하는 장면을 상상하면 된다. 거의 같다. 대신 우리는 페니스가 어쩔 수 없이 무척 커야 했다. 3~4미터쯤 되었다. 그래야 겨우 짝짓기가 가능했다. 평소에는 이걸 몸속에 감추고 다녀야 했으니 얼마나 불편했을지 충분히 상상할 수 있을 것이다.

내가 짝짓기에 성공했냐고? 이젠 그게 쉬운 일이 아니란 것쯤은 잘 아실 텐데……. 나도 95퍼센트의 수컷에 속한다. 우리 공룡들은 수컷 인간들이 한없이 부럽다. 그대들은 모두 상위 5퍼센트에 속한다. 부디 번성하시라!

오스트리아 자연사박물관은 파격적으로 짝짓기하는 티라노사우루스의 장면을 연출해 전시했다. 하지만 유감스럽게도 자세가 틀렸다. 저런 불안전한 자세로는 짝짓기를 할 수 없다.

닭은 공룡이다

지질시대는 크게 고생대 – 중생대 – 신생대로 나뉜다. 이 가운데 중생대는 트라이아스기(2억 5,200만 년 전~) – 쥐라기(2억 100만 년 전~) – 백악기(1억 4,500만 년 전~ 6,600만 년 전)로 나뉜다. 우리는 중생대를 흔히 공룡의 시대라고 부른다. 그 가운데에서도 중간에 끼어 있는 쥐라기는 공룡을 떠올리게 하는 열쇳말 역할을 한다. 이렇게 된 데는 스티븐 스필버그 감독의 영화 「쥬라기 공원」이 큰 역할을 했다.

그런데 이 영화에는 몇 가지 오류가 있다. 첫째는 한국어 영화 제목에 표준어인 '쥐라기' 대신 '쥬라기'를 쓴 것이다. 이것은 스필버그 감독의 잘못이 아니다. 둘째는 이 영화에 나오는 공룡 가운데 쥐라기 시대의 공룡은 브라키오사우루스나 스테고사우루스 정도에 불과하고 대부분은 백악기 시대의 공룡이라는 사실이다. 하지만 아무리 봐도 '백악기 공원'보다는 '쥐라기 공원'이 더 근사하게 들리는 것은 사실이니 그 정도는 애교로 봐줄 수 있다. 정작 큰 문제인 세 번째 오류는 공룡의 피를 빨아먹은 모기의 화석에서 공룡 DNA를 추출하여 공룡을 복원한다는 설정이다.

이것은 그냥 보아 넘길 수가 없다. 왜냐하면 불가능한 방법을 말하고 있기 때문이다. 첫째, 유전자는 기껏해야 몇십만 년 정도 보존된다. 수천만 년 이상 보존될 수는 없다. 하지만 좋다. 수천만 년 보존된 유전자가 있다고 치자. 그러면 임신한 암컷 모기만 동물의 피를 빤다는 두 번째 문제에 봉착한다. 수컷이나 임신 중이 아닌 암컷 모기는 과즙을 주로 먹으므로 모기 피는 공룡보다는 식물의 유전자로 오염되었을 가능성이 높다. 하지만 운 좋게 임신한 암컷 모기로 공룡의 유전자를 구할 수 있다고 하자. 그래도 세 번째 관문은 통과하지 못할 것이다. 모기는 기껏해야 8,000만 년 전에야 생겨났다. 중생대가 6,600만 년 전에 끝나니 모기가 공룡의 피를 빨 수 있는 시기는 중생대 백악기의 마지막 1,400만 년에 불과하다. 따라서 브라키오사우루스나 스테고사우루스처럼 쥐라기 시대의 공룡들은 모기에게 물릴래야 물릴 방법이 없었던 것이다.

공룡 주둥이를 만들다

영화 「쥐라기 공원」의 아이디어가 잘못됐다고 해서 실망할 필요는 없다. 왜냐하면 공룡은 지금도 우리와 함께 살고 있기 때문이다.

6,600만 년 전 지름 10킬로미터짜리 거대한 소행성이 지구를 강타할 때, 그 충격으로 수많은 종들이 지구에서 사라졌다. 육상에서는 고양이보다 커다란 동물은 죄다 사라졌다고 보면 된다. 하지만 이 대멸종의 외중에도 일군의 공룡들이 살아남았다. 그들의 공통점은 단 하나였다. 작은 몸집이 바로 그것이다. 그 공룡들을 우리는 '새'라고 부른다.

새가 공룡에서 진화했다는 걸 말하는 게 아니다. 현대 공룡학자들은 한결같이 새는 공룡의 후손이 아니라 그냥 공룡이라고 말하고 있다. 공룡학자들이 이렇게 주장하는 데는 공통적인 해부학적 특징을 화석에서 찾아냈기 때문이다. 공룡학자들은 여기에 만족하지 않고 발생생물학자들과 손을 잡고 발생학적인 증거를 제시하고 있다.

언뜻 새가 공룡이라는 게 믿어지지 않는다. 우선 새는 부리가 있고 공룡에게는 주둥이가 있지 않은가. 새가 공룡이라면, 새는 주둥이가 언제부터인가 부리로 바뀌었을 것이고, 그 흔적은 유전자에 남아 있을 것이다.

플라밍고에서 펠리컨에 이르기까지 새의 부리는 매우 다양한 모습을 하고 있다. 연구자들은 일반적인 척추동물의 주둥이에서 어떻게 새의 부리가 생겨났는지를 이해하기 위해 닭을 선택했다. 굳이 닭을 선택한 이유는 구하기 쉽고 값싸기 때문이다. 연구자들은 닭의 배아에서 부리가 발생하는 과정에 관여하는 유전자들을 샅샅이 훑은 끝에 얼굴 발생과 관련된 유전자 무더기 하나를 찾아냈다. 이것은 부리가 없는 생명

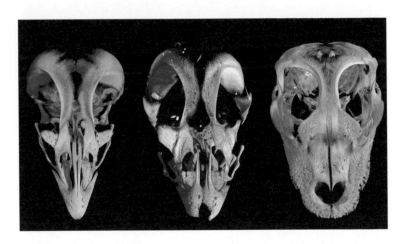

닭의 부리를 공룡의 주둥이로 만들다. 왼쪽부터 정상적인 닭 배아, 변형된 닭 배아, 악어 배아.

체에는 없는 것이다. 닭의 배아에서 이 유전자 무더기를 억제시키자 놀랍게도 부리 대신 공룡의 주둥이가 생겼다. 그뿐만 아니다. 작고 털이 난 공룡인 벨로키랍토르의 것과 같은 입천장[口蓋]도 생겼다.

주둥이에서 부리로의 전환은 새가 진화하는 과정에 발생했다. 지금부터 약 1억 년 전으로 백악기 중기의 일이다.

공룡 발을 만들다

새가 공룡이라고 하지만 발의 모습은 완전히 다르다. 대부분의 현생 조류는 사람의 엄지손가락처럼 다른 발가락과 마주보는 발가락이 발

대부분의 현생 조류와 달리 공룡에게는 마주보는 발가락이 없다.

뒤쪽에 있다. 이 발가락을 이용하여 횃대에 올라설 수 있고 먹잇감을 낚아챌 수도 있는 것이다. 이에 반해 티라노사우르스나 알로사우루스 같은 수각류 공룡의 경우에는 발 뒤쪽에 있는 발가락이 다른 발가락과 마주보지 않으며 짧아서 땅에 닿지도 않는다. 새의 발가락보다는 오히려 개와 고양이의 며느리발톱과 닮았다.

　연구자들은 새의 배아를 조작해서 발의 모양도 바꿀 수 있을 것이라고 생각했다. 방법은 의외로 간단했다. 알 속에서 배아가 움직이는 것을 막았더니 닭에게 공룡의 발이 생긴 것이다. 그런데 닭발을 공룡 발로 바꾸는 것보다 그 과정을 이해하는 게 더 힘들었다. 알고 보니 알 속에서 배아가 움직이면 성숙 과정에 있는 발허리뼈[中足骨]가 뒤틀리면서 마주보는 발가락이 생기는 것이었다. 약물을 처리하여 닭의 배아를 마비시켜서 알 속에서 움직이지 못하게 하자 뼈가 뒤틀리지 않으면서 공룡 발이 자라났다.

닭의 배아를 조작해서 공룡의 발을 발생시킬 수 있다는 사실은 새의 진화에 대한 새로운 통찰을 제공했다.

공룡 다리를 만들다

모든 육상 척추동물들에게는 무릎과 발목 사이에 두 개의 기다란 뼈가 있다. 바깥쪽의 종아리뼈[腓骨, fibula]와 안쪽의 정강이뼈[脛骨, tibia]가 그것이다. 닭발을 공룡 발로 만드는 데 성공한 과학자들은 이제 다리로 관심을 돌렸다.

공룡의 종아리뼈는 관(管) 형태로 발목까지 이어진다. 그런데 새의 종아리뼈는 얇고 편편한 모양이며 길이도 짧아서 발목까지 닿지 않는다. 새의 종아리뼈도 배아 발생 단계를 보면 처음에는 관 형태였다가 편편한 형태로 변한다. 공룡의 종아리뼈가 새의 종아리뼈로 변하는 과정을 배아에서는 관찰할 수 있는 것이다. 과학자들은 이 과정을 이해하기 위해 인도고슴도치(Indian Hedgehog)라고 하는 성숙 유전자를 억제시켰다. 성숙이 억제된 닭의 종아리뼈는 공룡처럼 관 모양을 유지하고 발목까지 길게 연결되었다. 공룡과 같은 다리를 가진 닭의 경우에 정강이뼈는 정상보다 훨씬 짧아졌다. 이것은 화석 기록에 나오는 진화의 패턴과 일치한다.

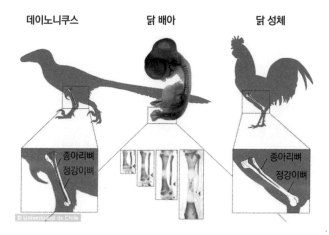

데이노니쿠스   닭 배아   닭 성체

종아리뼈
정강이뼈

© Universidad de Chile

종아리뼈
정강이뼈

닭의 종아리뼈는 편편하고 짧다. 닭의 배아에서 성숙 유전자를 억제시키자 종아리뼈가 마치 공룡의 종아리처럼 관 모양을 유지하고 발목까지 길게 이어졌다.

공룡의 색깔을 찾아내다

새에게는 부리만큼이나 중요한 특징이 있는데 깃털이 바로 그것이다. 공룡들에게도 털과 깃털이 있었다는 사실은 이제 상식이 되었다. 그러면 공룡의 깃털 색깔은 어떻게 알 수 있을까?

동물의 피부와 깃털의 색깔은 멜라닌 색소에 따라 달라진다. 멜라닌 색소는 멜라닌 세포 안에 있는 멜라노좀이라고 하는 작은 자루 모양의 세포소기관에서 만들어진다. 멜라닌 색소는 화석에 남지 않지만 멜라노좀 구조는 화석에 남아 있는 경우가 종종 있는데, 멜라닌 색소에 따라서 멜라노좀의 구조가 다르다. 따라서 색깔은 남아 있지 않지만 색깔을 알 수 있다.

멜라노좀과 관련된 연구는 1억 5,000만 년 전에 살았던 작은 육식 공룡인 마니랍토란(*Maniraptoran*)에 초점이 맞추어져 있다. 마니랍토란은 새의 특징을 많이 가지고 있다. 멜라노좀의 모양과 크기의 다양성을 봐도 현생 조류와 공통점이 많다.

과학자들은 공룡의 깃털들이 다양한 색을 얻은 다음에야 새로 진화했을 것이라고 생각한다. 깃털의 색소들이 공룡의 선조로부터 날 준비를 시켰다는 뜻이다. 색소와 관련된 화학물질이 새들의 물질대사를 바꾸어서 비행할 때 공기 중에 오래 머물 수 있게 했다는 것이다.

닭으로 공룡을 만들 수 있을까?

닭은 공룡이다. 따라서 긴 종아리를 만드는 유전자, 마주보는 발가락을 만드는 유전자가 있다. 아마 꼬리가 길어지는 유전자와 이빨을 만드는 유전자도 가지고 있을 것이다. 실제로 닭의 배아 발생 과정을 보면 이빨이 등장했다가 사라지고, 손가락이 생겼다가 융합되고, 길었던 꼬리가 짧아지는 과정을 관찰할 수 있다.

그렇다면 닭으로 공룡을 만들어서 '백악기 공원'을 실현시킬 수 있을까? 닭에서 공룡의 특징들을 발현시켰던 연구자들은 아직 백악기 공원

이빨이 없는 부리는 새의 공통적인 특징이다.

에 대한 계획이 없으며 연구윤리위원회에 실험 승인을 요청할 생각도 없다. 그들은 주둥이가 달리고 종아리가 길고 마주보는 발가락이 없는 닭을 부화시킬 계획이 없는 것이다. 하지만 과학자들은 만약 이런 닭들이 부화된다면 정상적으로 성장하여 '공룡'의 삶을 살 수 있을 것이라고 믿는다.

이것은 그다지 극단적이거나 파격적인 변형이 아니다. 양계업자들이 좁은 틈에서 단숨에 자라는 새로운 닭을 만들어내는 것이 훨씬 더 이상한 일이다. 닭을 공룡으로 만드는 일은 오히려 정상적인 일에 가깝다. 다만 연구윤리적인 측면에서 신중할 필요가 있을 뿐이다.

우리는 이미 엄청난 공룡을 먹고 있다. 한국 사람이 1년에 먹어치우는 치킨만 10억 마리가 넘는다. 1인당 평균 20마리의 공룡을 안주와 간식으로 먹고 있는 셈이다.

2부

포
유
류
로

살
아
남
기

낙타

'동물의 왕국' 하면 누구나 아프리카 동부 사바나의 풍경을 떠올린다. 작은 숲과 덤불이 듬성듬성 있는 드넓은 초원에서 온갖 포유동물이 살아가는 곳이다. 지금은 자연 다큐멘터리에서나 볼 수 있지만 2,300만~600만 년 전의 신생대 마이오세(世)만 하더라도 온대와 열대 지방의 흔한 풍경이었다. 북아메리카의 그레이트플레인즈 지역도 마찬가지였다. 현대 아프리카 사바나의 모습을 그대로 옮겨놓은 듯했다. 다만 전혀 다른 포유류가 살았을 뿐이다. 코끼리 대신 마스토돈, 하마 대신 하마를 닮은 코뿔소, 기린 대신 목이 긴 낙타가 있었다. 다른 동물들도 마찬가지였다.

잠깐! 방금 낙타라고 했나? 북아메리카에 낙타가 있었다고? 그렇다. 낙타의 고향은 북아메리카다. 당시 낙타는 대부분 가젤을 닮았거나 다리가 짧았지만, 기린처럼 생긴 낙타도 있었다. 아이피카멜루스 지라피 누스(*Aepycamelus giraffinus*, 1,600~1,000만 년 전)는 어깨 높이가 3.5미터였 고 키가 6미터나 되었기 때문에 아프리카의 기린처럼 나무의 맨 꼭대 기에 있는 잎을 먹었다. 낙타의 특징은 등에 달린 거대한 혹이지만 북 아메리카에 살던 옛 낙타들에게는 이 혹이 없었다. 마이오세가 지나고 플라이오세(533만~258만 년 전)가 되자 그레이트플레인즈와 로키산맥 은 훨씬 더 건조해졌고, 나무가 없는 광활한 스텝 서식지가 형성되었 다. 그리고 어깨 높이가 4미터에 이르는 거대한 낙타 티타노틸로푸스 (*Titanotylopus*)가 등장했다.

낙타류 크기 비교 ❶단봉낙타(아프리카, 중동, 호주) ❷카멜로프스(멸종) ❸티타노틸로푸스(멸종) ❹아 이피카멜루스(멸종) ❺쌍봉낙타(아시아) ❻라마(남미) ❼과나코(남미) ❽포에브로테리움(멸종) ❾알파카 (남미) ❿비쿠냐(남미) ⓫스테노밀루스(멸종)

낙타의 고향은 북아메리카이지만 정작 지금 북아메리카에는 낙타가 살고 있지 않다. 현재 낙타는 아프리카와 중동 그리고 아시아와 오스트레일리아에 산다. 어찌된 일일까? 그리고 등에 혹은 언제 생겼을까?

파나마지협의 연결, 남아메리카로 진출

플라이오세 전기만 하더라도 북아메리카와 남아메리카는 떨어져 있는 대륙이었다. 두 대륙에는 다른 동물들이 살았다. 그런데 플라이오세 중기에 북아메리카와 남아메리카 사이가 파나마지협(地峽)으로 연결되자 포유동물들의 대이동이 시작되었다. 남아메리카에서는 땅늘보, 아르마딜로, 호저, 주머니쥐 같은 소수의 포유류가 북쪽으로 이동한 반면, 북아메리카에서는 훨씬 더 많은 포유류가 남쪽으로 이동해서 고유의 포유류를 몰아내고 그 자리를 차지했다. 마스토돈, 사슴, 개, 너구리, 족제비와 함께 낙타류들이 들어왔다.

남아메리카로 넘어온 낙타는 가젤처럼 생긴 낙타의 후손으로 현재 과나코, 라마, 비쿠냐, 알파카로 남아 있다. 키가 75센티미터~180센티미터에 불과한 이 낙타류들은 혈액 속에 산소를 운반하는 헤모글로빈이 고농도로 들어 있어서 안데스산맥의 높은 산악 지역에서도 살 수 있다. 현재는 모직(毛織)의 주요 자원으로 사육되고 있다.

북아메리카에서 남아메리카로 넘어온 동물들은 남아메리카 고유종보다 경쟁에서 우월했다. 아이러니하게도 한때 북아메리카를 지배했던 대형 포유류들은 정작 북아메리카에서는 멸종했지만 남아메리카에는 지금까지 남아 있다.

그렇다면 상대적으로 경쟁력이 강한 북아메리카 대형 포유류들이 정작 북아메리카에서 사라진 이유는 무엇일까? 이것 역시 경쟁력 때문이다. 북아메리카에도 낯선 동물들이 진출한 것. 그들은 북아메리카 고유종보다 더 강력했다. 새로운 동물들은 아시아에서 왔다. 아시아의 포유류들이 어떻게 태평양을 건너서 북아메리카까지 왔을까?

베링해협의 연결, 북아메리카로 진출

'역사는 반복된다. 한 번은 비극으로, 다른 한 번은 희극으로.' 『루이 보나파르트의 브뤼메르 18일』에서 칼 마르크스가 한 말이다. 북아메리카의 포유류에게도 마찬가지였다. 다만 순서가 바뀌었을 뿐이다. 한 번은 희극으로, 다른 한 번은 비극으로. 300만 년 전 파나마지협이 연결되었을 때 남아메리카로 진출할 기회를 얻었던 북아메리카 포유류들은 190만 년 전 시베리아와 알래스카 사이의 좁은 베링해협이 연결되자 아시아 포유류들의 침입을 지켜보아야 했다.

가장 큰 충격은 황제매머드(*Mammuthus imperator, Mammuthus columbi*)의 등장이었다. 빙하시대의 가장 큰 장비류(長鼻類)였던 황제매머드는 어깨 높이가 4미터가 넘었고, 길고 구붓한 엄니 길이가 5미터에 이르렀다. 지금까지 살았던 그 어떤 코끼리보다 몸집이 컸던 황제매머드는 거의 모든 식물을 짓이길 수 있는 거대한 어금니로 숲은 물론이고 평원과 심지어 북극권의 스텝 지대를 장악했다. 황제매머드와 여우, 재규어 그리고 검치호(劍齒虎)라고 불리는 스밀로돈 같은 육식 포유류들도 함께 들어왔다.

또한 남아메리카에서 이주한 일부 포유류들도 덩치가 어마어마했다. 거대한 나무늘보인 에레모테리움(*Eremotherium*)은 몸길이가 7미터이고 몸무게도 3톤이 넘었다. 코끼리만 한 크기였다. 거대한 아르마딜로인 홀메시나(*Holmesina*)는 코뿔소만 한 크기의 몸통을 단단한 갑옷이 감싸고 있었다.

플라이스토세(258만~1만 년 전)에는 아메리카 대륙뿐만 아니라 다른 대륙에서도 동물이 거대해지는 현상이 일어났다. 그 이유는 많은 거대 동물이 주로 추운 기후에 살았다는 사실에서 해답을 찾을 수 있다. 몸집이 크고 게다가 털층이 두터우면 체온 유지에 유리하기 때문이다.

고향을 벗어나 아시아로 떠난 낙타

작은 낙타류는 남아메리카로 건너가 자리를 차지하고 살았지만 커다란 낙타류는 고향을 벗어날 이유가 없었다. 그런데 갑자기 거대한 동물들이 침입했다. 살아남으려면 자신도 덩치를 키워야 했지만 실패했다. 이제 남은 길은 두 가지뿐이었다. 몸집을 줄여서 작은 육식동물의 눈치를 보며 살든지 아니면 미련 없이 보금자리를 떠나든지.

낙타는 점차 추운 지방으로 밀려났다. 여기에 맞추어 몸에 변화가 일어났다. 두터운 털층이 몸을 감싸면서 체온을 유지해주었고 발바닥에는 폭신하고 넓적한 패드가 생겨서 눈에 잘 빠지지 않았다. 등에는 혹 모양의 거대한 기름주머니가 생겨서 먹이와 물을 구할 수 없는 시기를 견디게 해주었다. 혹은 양분뿐만 아니라 물도 제공했다. 왜냐하면 혹속의 지방이 공기 중의 산소와 반응하면 물이 부산물로 생성되기 때문이다.

그래도 상황은 점점 나빠졌다. 일부 낙타가 모험을 감행했다. 침입자들이 건너온 베링해협을 반대 방향으로 건넌 것이다. 자신을 쫓아낸 침입자들의 고향으로 진출한다는 것은 무모한 일로 보인다. 하지만 결과적으로는 옳은 선택이었다. 빙하기가 끝난 후 북아메리카에는 단 한 마리의 낙타도 살아남지 않았다. 오로지 고향을 떠난 낙타만이 살아남았다.

하지만 시베리아도 낙타에게는 결코 녹록한 곳이 아니었다. 일부는 중동을 거쳐 아프리카에 정착했다. 거기서도 낙타는 먹이를 두고 다툴 경쟁자가 없고 포식자들이 더 이상 추적을 포기할 수밖에 없는 곳까지 밀려났다. 그곳은 바로 사막이었다. 현재의 단봉낙타들이 그들이다. 일부는 아시아의 초원과 사막에 남아서 쌍봉낙타로 진화했다.

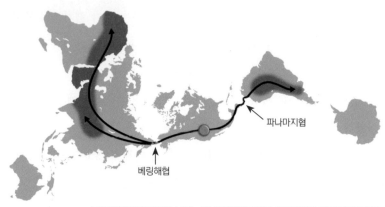

북아메리카에서 발생한 낙타는 파나마지협을 통해 남아메리카로 이동하여 라마 등
이 되었고, 베링해협을 건넌 후 단봉낙타와 쌍봉낙타가 되었다.

   낙타가 사막이라는 극단적인 기후 환경에 적응할 수 있었던 까닭은
북아메리카에서 밀려나기 전 추운 지방에 적응한 결과다. 추운 지방에
적응한 몸은 사막에도 안성맞춤이었다. 추위를 막아주던 두터운 털은
사막에서는 햇빛을 반사하고 뜨거운 사막 모래에서 올라오는 열을 차
단했으며 땀으로 수분이 증발하는 것을 막아줬다. 또 밤에는 다시 체온
을 지켜주었다. 눈에 빠지지 않도록 적응했던 넓고 평평한 발바닥은 모
래 속에 빠지는 것을 막아주었다. 그리고 등에 솟아오른 혹은 사막에서
도 양분과 물의 저장고 역할을 했다.

   새로운 변화도 일어났다. 눈썹은 이중으로 달려서 강한 햇빛과 바람
에 날리는 모래나 작은 돌로부터 눈을 보호하며 눈을 깜빡일 때 눈물과
같은 귀한 수분이 증발되는 것을 막아주었다. 윗입술에는 콧구멍으로

포유류로 살아남기

이어지는 틈이 생겨서 콧물이 입으로 흘러 들어가 한 방울의 물이라도 허투루 버리지 않게 되었다. 또 여닫을 수 있게 바뀐 콧구멍은 모래를 차단했다.

오스트레일리아로 진출한 낙타

현재 단봉낙타는 모두 가축으로 사육된다. 150킬로그램 이상의 짐을 등에 지고 하루에 30~50킬로미터를 이동하는 짐꾼이 되었다. 아시아의 쌍봉낙타도 가축으로 키워져서 젖과 고기를 제공한다. 야생 상태로는 700마리 정도가 남아 있을 뿐이다.

단봉낙타가 야생 상태로 살고 있는 곳은 놀랍게도 오스트레일리아 대륙이다. 호주에는 자그마치 100만 마리의 야생낙타가 살고 있다. 단봉낙타는 어떻게 인도양을 건너서 호주로 갔을까? 인도양이 베링해협처럼 얼어서 육로가 열린 적은 없었다.

1840년 24마리의 낙타가 인도에서 오스트레일리아로 배에 실려 왔다. 짐을 나르는 용도였다. 당나귀보다 물을 조금 먹으면서 현지 식물도 잘 먹고 무엇보다도 무거운 짐을 잘 날랐다. 이후 19세기 말까지 많은 낙타들이 오스트레일리아로 수입되었다. 하지만 20세기에 철도가 깔리자 낙타는 애물단지로 전락했다. 사람 손아귀를 벗어난 낙타는 오스트레일리아의 사막에서 번성했다. 사람들은 나 몰라라 했다.

호주에는 100만 마리의 야생 단봉낙타가 살고 있다. (ⓒ백승엽)

그런데 2000년대 초 큰 가뭄이 들자 사람들은 비로소 낙타에 주목했다. 단봉낙타는 물을 찾으면 3분에 180리터의 물을 마시는 능력이 있다. (쌍봉낙타는 10분에 100리터의 물을 마실 수 있다.) 호주의 광활한 붉은 사막에서 낙타처럼 잘 살 수 있는 동물은 없다. 낙타 떼가 한 번 지나가면 가축이 마실 물과 먹을 풀이 사라졌다. 호주 당국은 2009년부터 낙타 도살 사업을 벌이고 있다.

낙타는 우리나라에서도 수난을 겪었다. 우리나라에 낙타가 처음 들어온 것은 932년의 일이다. 왕건은 고려 건국 직후 요나라 태종이 선물로 보낸 낙타 50마리를 개성 만부교 다리에 묶어놓고 굶겨 죽였다. 외

야생 단봉낙타를 이용한 호주 관광상품. (ⓒ백승엽)

교적인 이유가 있었겠지만, 낙타는 까닭도 모르고 굶어 죽은 것이다. 지난 2015년 6월 초 서울대공원의 단봉낙타와 쌍봉낙타가 4일 동안 격리되기도 했다. 낙타가 메르스의 원흉으로 여겨졌기 때문이다.

북아메리카에서 아시아와 아프리카를 거쳐 오스트레일이아와 한국에 이르기까지 낙타의 자연사는 참으로 기구하다. 그래서인지 낙타의 눈망울은 유독 슬프게 보인다.

박쥐

『사라져 가는 것들의 안부를 묻다』라는 아주 따뜻한 과학책이 있다. 여러 종의 동물이 릴레이처럼 서로가 서로에게 편지를 쓰는 형식이다. 인간이 박쥐에게, 박쥐가 꿀벌에게, 꿀벌이 호랑이에게……. 글쓴이는 도시공학과 생명공학 그리고 환경학을 공부한 『동아사이언스』의 윤신영 기자. 윤신영은 멸종 위기의 동물들이 또 다른 동물들에게 남기는 자연과 환경 그리고 함께 살아가는 철학 이야기를 한다.

첫 번째 편지는 인간이 박쥐에게 보낸다. 안부를 묻는 첫 번째 대상이 하필 박쥐라니……. 박쥐는 우리가 그리 안타깝게 생각하는 존재가 아니지 않은가? 요즘 박쥐를 직접 본 사람은 거의 없지만 박쥐에 대해서는 아주 잘 알고 있다. 우리에게 박쥐에 대한 첫인상을 심어준 사람은 이솝이다.

날짐승과 들짐승이 숲에서 패권을 다투는 전쟁을 하고 있었다. 박쥐는 날짐승이 우세한 것처럼 보일 때는 날짐승 편에 서고 들짐승이 우세한 것처럼 보일 때는 표변하여 들짐승 편에 선다. 강화조약을 맺은 날짐승과 들짐승은 양쪽을 오간 박쥐를 동굴 안으로 내쫓았다.

이솝은 '한쪽에 우직하게 충성을 바치지 않고 눈앞의 이익만 좇다가는 망하고 만다'라는 이야기를 하려고 했던 것 같다. 이솝우화의 교훈은 단순하다. 그래서 우리에게 오래 기억되고 있다. 그런데 너무 단순했다는 게 문제다. 아인슈타인도 말했다. "사물은 최대한 단순하게 만들어야 한다. 하지만 더 단순해지면 안 된다." 이솝우화는 더 단순했고 여기에서 박쥐에 대한 온갖 오해가 생겨났다.

박쥐는 뱀파이어?

사람들에게 박쥐는 도덕적으로도 옳지 못한 동물일 뿐만 아니라 보잘것없는 동물이기도 하다. 징그럽고 못생겼으며 왠지 병균을 옮기고 사람과 가축의 피를 빨아먹는 놈들 같다. 실제로 흡혈박쥐도 있다.

흡혈박쥐는 낮에 자고 밤에 활동하는 야행성 동물이며 동굴의 천장에 거꾸로 매달린다. 보통 100마리가 군집을 이루지만 때로는 1,000마리 이상의 대군집을 이루기도 한다. 100마리로 이루어진 무리가 1년에 빨아먹는 피의 양은 황소 25마리에 해당한다.

흡혈박쥐는 캄캄한 밤이 되어야 사냥에 나선다. 대개는 잠자고 있는 소와 말이 먹잇감이지만 때로는 사람의 피를 빨아먹기도 한다. 흡혈박쥐는 아래에서 공격한다. 먹잇감 근처에 착륙한 후 네 발을 이용하여 접근한다. 액체를 먹기 때문에 이빨이 몇 개 안 되지만 매우 날카로운 이빨로 혈관을 정확히 깨문다. 칠흑처럼 감감한 밤에 흡혈박쥐는 어떻게 정확히 혈관을 찾아서 깨물까? 흡혈박쥐의 코에는 열 센서가 있어서 먹잇감의 피부 밑으로 따뜻한 피가 흐르는 위치를 정확히 짚어낸다. 이빨로 깨문 다음에 흐르는 피를 혀로 핥아먹는다. 흡혈박쥐의 침에는 피가 응고되는 것을 막아주는 물질이 들어 있어서, 한번 핥아먹기 시작하면 보통 30분은 계속 먹는다. 이 과정에서 먹잇감에게 세균과 바이러스를 옮길 수는 있지만 먹잇감이 죽을 정도로 피를 뽑아 먹지는 않는다.

새끼 흡혈박쥐는 피 대신 젖을 먹는다. 모든 젖먹이동물 어미의 심정은 다 똑같다. 자기 새끼에게는 무엇보다도 젖을 먹이고 싶은 것이다. 새끼가 젖을 먹기 위해서는 어미에게 단단히 매달려야 한다. 새끼는 하늘을 날고 있는 어미에게도 단단히 붙어 있을 수 있다. 새끼는 오로지 체온을 유지하는 것 외에는 아무것도 하지 않으면서 어미의 젖을 석 달 동안이나 먹는다. 왠지 박쥐는 아주 무서운 놈들 같다. 하지만 걱정 놓으시라. 흡혈박쥐는 단 세 종에 불과하며, 멕시코와 중앙아메리카 그리고 남아메리카의 적도 지방에만 산다. 뱀파이어라는 단어가 옥스퍼드 영어사전에 처음 실린 1734년에는 유럽 사람들이 아직 흡혈박쥐를 보지도 못했는데 왜 박쥐가 뱀파이어의 상징이 되었는지는 알다가도 모를 일이다.

하늘을 나는 젖먹이동물

박쥐가 오해를 받는 결정적인 이유는 새처럼 하늘을 날 수 있지만, 동시에 새끼에게 젖을 먹이기 때문이다. 도대체 박쥐의 정체는 무엇인가. 날짐승인가 들짐승인가?

우선 박쥐는 쥐가 아니다. 흔히 설치류(齧齒類)라고 하는 쥐목(目)은 앞니가 위아래 모두 한 쌍뿐이며, 쥐, 다람쥐, 청서, 비버 등이 여기에 속하고 약 1,730종이 알려져 있다. 박쥐는 박쥐목 또는 익수목(翼手目)에 속하는 젖먹이동물[哺乳類]이다. 기다란 앞다리 발가락과 뒷다리 사이에 피부가 변한 탄력성 있는 날개막이 있어서 젖먹이동물 가운데 유일하게 제대로 날 수 있는 동물이다. 남극 대륙을 제외한 모든 대륙에 살고 있으며 우리나라에도 23종이나 살고 있다. 젖먹이동물 가운데 설치류 다음으로 많은 약 1,200종이 있다. 전 세계 젖먹이동물이 약 5,400종이니 젖먹이동물 네댓 종 가운데 한 종이 박쥐인 셈이다. 아주 성공한 동물이라고 할 수 있다.

박쥐의 가장 뛰어난 전략은 남들이 다 자는 캄캄한 밤에 날아다닌다는 것이다. 박쥐가 밤에 날아다닐 수 있는 까닭은 물체에 반사된 소리를 인식해서 눈으로 보지 않고도 그 물체의 위치를 감지하는 레이더 능력이 있기 때문이다. 이것을 반향정위(反響定位)라고 한다.

그렇다면 박쥐에게 비행 능력과 반향정위 가운데 어느 것이 먼저 생겼을까? 이것을 알아내는 방법은 간단하다. 날개막이나 초음파를 내는 구조 둘 중 하나가 없는 화석을 찾으면 어느 것이 먼저이고 어느 것이 나중인지 분명해진다. 하지만 이 문제는 박쥐연구가와 진화학자들의 오랜 수수께끼였다. 화석으로 남아 있는 5,200만 년 전 박쥐나 지금 살고 있는 박쥐나 그 모습이 거의 차이가 없기 때문이다. 덕분에 (딱히 과학자라고는 할 수 없지만 본인들은 과학자라고 하는) 창조과학 계열의 사람들에게 박쥐는 모든 종들이 지금 이 모습대로 창조된 좋은 증거였다.

화석은 만들어지기도 어렵고 발견되기도 어렵다. 그럼에도 불구하고 이 문제를 해결해줄 화석이 발견되었다. 2008년 2월 14일자 『네이처』의 표지를 장식했던 오니코닉테리스 핀네이(*Onychonycteris finneyi*)가 바로 그것. 뉴욕에 있는 미국 자연사박물관의 학예사가 미국 와이오밍의 5,250만 년 지층에서 2003년에 처음 발견하였다. 지금까지 단 두 표본만 발견된 오니코닉테리스 핀네이는 날개막 골격 구조가 현생 박쥐와 거의 비슷하다. 차이가 있다면 뒷발이 조금 크고, 다른 박쥐들이 두세 개의 발가락에만 발톱이 있는데 반해 모든 앞발가락에 발톱이 다 있다는 정도. 하지만 초음파를 내고 반사음을 받아들이는 역할을 담당해야 할 확대된 달팽이관 구조가 없다. 같은 시대 같은 장소에서 발견되는 다른 박쥐 화석에는 이 기관이 있다. 이젠 박쥐에게 비행이 먼저냐 반

5,250만 년 전 에오세에 살았던 오니코닉테리스 핀네이. 날개막 구조는 있지만 반향정위에 필요한 구조는 없다. 이 화석을 통해 박쥐에게 비행 기술이 레이더 장치보다 먼저 생겼다는 사실을 알게 되었다.

'비행이 먼저다'라는 제목으로 『네이처』 표지를 장식한 오니코닉테리스 핀네이.

향정위가 먼저냐 하는 문제가 해결된 것이다. 비행이 먼저다. 눈이 특별히 더 크다는 증거도 없는 것으로 보아 아마도 초기의 원시 박쥐들은 시각과 후각 그리고 청각에 의존해서 방향을 잡고 사냥을 했을 것이다.

과학이란 질문의 연속이다. 박쥐의 진화에도 여전히 질문이 남아 있다. 이제 '땅에서 살던 박쥐가 언제 그리고 어떻게 날 수 있는 동물로 진화되었을까?'라는 질문에 답할 차례이다.

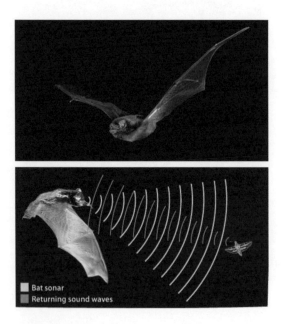

작은박쥐목에 속하는 박쥐들은 레이더와 같은 반향정위 기능으로
곤충의 위치를 확인하고 사냥한다.

진정한 히어로 박쥐

박쥐는 히어로다. 지금 나이가 50대인 사람이라면 정작 내용은 가물가물해도 "황금박~쥐! 어디 어디 어디에서 오느냐? 황금박~쥐! 빛나는 해골은 정의의 용사다"로 시작하는 만화 주제가가 절로 입에 붙을 것이다. 1968년부터 당시 TBC에서 방영했던 이 애니메이션의 주인공은 괴상하게 생긴 해골이었지만 박쥐의 날개막을 연상시키는 검은 망토를 입고 있기 때문에 우리는 그를 박쥐라고 여겼다. 50대에게 황금박쥐가 한때 영웅이었다면 젊은 세대들에게는 배트맨이라는 히어로가 있다.

흔히 황금박쥐라고 하는 붉은박쥐(*Myotis formosus*). 우리나라와 대마도, 타이완, 필리핀과 아프가니스탄 동부, 인도 북부 등에 분포하는 작은 박쥐다. 무려 220일 동안 겨울잠을 잔다.

그런데 박쥐가 히어로인 까닭은 따로 있다. 박쥐는 현생 젖먹이동물 가운데 가장 고참에 속하면서도 엄청난 다양성을 유지하고 있다. 박쥐는 다른 동물들처럼 무작정 몸집을 키우는 전략을 취하지 않았다. 박쥐는 크기가 다양하다. 박쥐는 큰박쥐아목과 작은박쥐아목으로 분류된다. 작은박쥐아목에 2~3그램밖에 안 되는 작은 박쥐가 있는가 하면 큰박쥐아목에는 1.5킬로그램에 달하는 커다란 날여우박쥐도 있다.

작은박쥐아목에서 갈라져 나온 큰박쥐아목은 작은 박쥐들과 같은 먹이를 놓고 경쟁하면서 억누르는 대신 다른 먹이를 택했다. 곤충은 작은 박쥐들에게 양보하고 열매와 꽃가루와 꿀을 먹이로 선택했다. 몸집이 커진 만큼 새로운 영역을 개척하는 모험을 감행한 것이다. 덕분에 사는 영역을 대부분 열대와 아열대로 한정하는 손해를 감수해야 했지만 모험은 성공했다.

박쥐는 많은 종들이 함께 살 수 있도록 생태적 틈새(niche)를 나눔으로써 엄청난 다양성을 확보하게 된 것이다. 생태적 틈새란 먹이, 서식지, 산란기 등을 말한다. 생태적 틈새를 나누자 종도 많아졌을뿐더러 장수하는 동물이 되었다. 박쥐와 크기가 비슷한 쥐와 다람쥐가 기껏해야 각각 2~4년과 3~6년을 사는 데 반해 박쥐는 10~30년을 산다. 박쥐가 히어로인 까닭은 고담시티의 악당을 해치워서가 아니라 '나눔'을 통해 종의 다양성을 확보했기 때문이다.

윤신영의 『사라져 가는 것들의 안부를 묻다』의 마지막 꼭지 세 개는 버펄로가 사자에게, 사자가 네안데르탈인에게, 마침내 네안데르탈인이 인류에게 보내는 편지다. 지금 인류가 72억 5,000만 명이 넘는다고 하지만 결국 우리 인류도 사라져가는 것들 가운데 하나라는 뜻이다. 우리가 박쥐가 사라지고 있는 현실을 안타까워하고 박쥐의 터전을 지켜야 하는 까닭은 바로 우리 인류의 지속가능성을 담보하기 위함이다. 박쥐에게서 배우자. 박쥐처럼 살자.

기린

    기린과 사람 그리고 고래는 모두 젖먹이동물(포유류)이지만 생김새는 크게 다르다. 기린은 네 발로 서지만 사람은 두 발로 서고 고래는 발이 없다. 가장 큰 차이는 목에서 나타난다. 기린의 목은 엄청나게 길지만 사람의 목은 짧고 고래는 목이 도대체 어디인지 알 수 없다. 하지만 겉모습을 벗겨내고 뼈대만 살펴보면 놀랍게도 같은 뼈를 가지고 있다는 것을 알 수 있다. 단지 크기와 비례만 다를 뿐이다. 놀랍게도 사람, 고래, 기린의 목뼈는 모두 일곱 개로 똑같다. 기린의 목뼈는 개수가 더 많은 게 아니라 각 뼈의 크기가 큰 것이며, 고래의 목뼈 일곱 개는 서로 붙어 고개를 돌리지 못할 뿐이다.

    중고등학교 시절 생물 교과서에서 기린의 목이 점점 길어지는 그림을 누구나 봤을 것이다. 오늘날 기린의 긴 목은 높이 있는 식물의 잎을 먹기 위해서 목을 조금씩 늘이다보니 이렇게 길어졌다는 라마르크의 용불용설을 설명하는 그림이었다. 또 바로 옆에는 목이 짧은 기린과 목이 긴 기린이 같이 있다가 목이 긴 기린만 후손을 남기는 데 성공해서 결국 모든 기린의 목이 길어졌다는 다윈의 자연선택설을 설명하는 그림도 있었다. 용불용설이 맞든 자연선택설이 맞든 기린의 목은 길다.

기린 목은 왜 이리 길까?

그렇다면 기린의 목뼈는 왜 이렇게 길까? 처음부터 길었던 것일까, 아니면 서서히 길어진 것일까? 어떤 동물쌍이든 공통선조가 있다. 기린과 오카피도 마찬가지다. 현재 살고 있는 기린과(科) 동물은 기린과 오카피 두 종뿐이다. 기린은 목이 길고 오카피는 그렇지 않다. 기린과 오카피는 다른 진화 과정을 겪은 것이다.

크세노케릭스 아미달라에(*Xenokeryx amidalae*)는 1,600만 년 전 지금의 스페인 지방을 배회하던 초식 젖먹이동물이다. 몸집은 현생 사슴과 비슷하지만 얼굴은 그 어떤 현생 동물과도 닮지 않았다. 송곳니는 길쭉하고 특히 양 눈 위쪽과 두개골 뒤쪽에 털로 덮인 인각(麟角, ossicone)이 솟아 있어서 마치 괴상한 헤드기어를 쓰고 있는 모습이다. 이름에서 속(屬)명 크세노케릭스는 '이상하게 생긴 뿔'이라는 뜻이고 종(種)명 아미달라에는 영화 「스타워즈」에서 아나킨 스카이워커의 숨겨놓은 아내이

현생 기린과 동물에는 오카피와 기린이 있다.
둘 다 목뼈는 일곱 개이지만 목의 길이는 다르다.

자 루크 스카이워커의 어머니인 파드메 아미달라와 닮았다고 해서 붙은 이름이다. 이 동물이 사슴과 기린 중 어디에 속하는지 오랫동안 논쟁거리였는데 2015년 12월 마침내 이 논쟁에 종지부가 찍혔다. 이 고생물은 기린의 사촌으로 약 3,000만 년 전에 공통조상에서 갈라졌다. 적어도 이때까지는 기린 친척의 목은 길지 않았다.

　뉴욕공과대학의 고생물학자인 니코스 솔로우니아스(Nikos Solounias)는 기린의 목이 길어지는 과정을 연구한다. 그는 의대 학생인 멜린다 다노위츠(Melinda Danowitz)와 함께 영국, 오스트리아, 독일, 스웨덴, 케

기린과 동물의 사촌 격인 크세노케릭스 아미달라에.
아직 목은 길지 않다. 아미달라에라는 이름은
「스타워즈」에 등장하는 파드메 아미달라와 닮아서 붙었다.

냐와 그리스 등 세계 각지의 박물관을 돌아다니면서 멸종한 기린과 9종, 현존하는 기린과 2종의 화석 71개체를 연구하고 그 결과를 2015년 10월 『로열 소사이어티 오픈 사이언스』에 발표하였다.

연구에 따르면 기린의 목뼈는 1,600만 년 전부터 살짝 길어지기 시작했다. 700만 년 전쯤 현생 기린의 멸종한 친척인 사모테리움(Samotherium)에서 목이 길어지는 현상이 본격적으로 시작되었다. 목뼈는 C1, C2 …… C6, C7과 같은 식으로 위에서부터 차례로 번호를 붙인다. 그런데 초기에는 머리뼈 쪽의 목뼈, 즉 C1~C3가 길어졌다. 100

현생 기린과 동물에는 오카피와 6종의 기린이 있다. 오카피는 기린과 동물이지만 목이 길지 않다.

포유류로 살아남기

만 년 전쯤부터는 아래쪽 목뼈가 길어지기 시작했다. 즉 목뼈의 변화가 두 단계로 분리되어 일어난 것이다. 현생 기린은 두 단계를 모두 거친 유일한 종이다. 현생 기린의 C3 목뼈는 길이가 너비에 비해 아홉 배나 되며 성인의 위팔뼈만큼이나 길다.

물론 기린과의 모든 종들이 목이 길어지는 경로를 걸은 것은 아니다. 기린의 목이 길어지는 사이에 다른 기린과 동물들은 목이 짧아졌다. 오카피가 그 같은 경우이다. 이 과정도 두 단계로 나누어서 진행되었다.

기린과 목긴공룡

신생대에 기린이 살고 있다면 중생대에는 목긴공룡(용각류)이 있었다. 쥐라기 말기에서 백악기 초기에 살았던 브라키오사우루스가 대표적이다. 브라키오사우루스는 영화 「쥬라기 공원」에 나오는 목긴공룡이다. 목뼈는 열아홉 개이고 목의 길이만 9~10미터 정도다. 많은 과학자들이 의문을 품은 것은 브라키오사우루스는 도대체 물을 어떻게 먹었냐는 것이다. "고개를 숙이면 되지!"라고 간단히 대답할 수 없다. 왜냐하면 심장과 두뇌까지의 높이 차이가 상당하기 때문이다. 뇌까지 혈액을 펌프질해서 올리려면 강한 혈압을 유지해야 할 텐데, 물을 먹으려고 고개를 숙이면 뇌의 혈관이 터질 것이고 그러면 브라키오사우루스는 모두 뇌중풍에 빠지거나 최소한 두통으로 고통받는 문제에 봉착하게 된다.

두뇌나 혈관처럼 연한 부분은 화석으로 남지 않는다. 이런 문제를 해결하려면 현생 생물을 살펴봐야 한다. 이때 기린은 최적의 모델이다. 기린의 심장은 길이 60센티미터 이상, 무게 10킬로그램 이상이다. 중력에 대항하여 두뇌까지 혈액을 공급하기 위해 일반 대형포유류보다 두 배 이상 높은 혈압을 유지한다. 그런데도 고개를 숙였을 때 혈관이 파손되지 않는다. 그 비밀은 두뇌 밑에 있는 소동정맥그물(rete mirabile) 이라는 혈압조절기관에 있다. 스폰지처럼 생긴 조직이라고 생각하면 된다. 고개를 숙이면 마치 스폰지에 물이 스며들듯이 소동정맥그물로 혈액이 스며들어 갔다가 고개를 들면 빠져나오는 것이다. 혈압이 세면 두뇌뿐만 아니라 다리에는 상시적으로 강한 혈압이 부하된다. 액체는 저절로 아래로 내려가기 때문이다. 다른 대형동물의 경우 혈압이 두 배로 높아지면 혈관 바깥으로 피가 빠져나올 수밖에 없지만 기린의 경우 혈관 외벽이 매우 두껍고 질긴 껍질로 둘러싸여 있어서 혈관 바깥쪽 압력이 안쪽 압력만큼이나 높아 혈관이 유지된다.

그렇다면 목긴공룡에게도 소동정맥그물이나 질긴 혈관 외벽이 있었을까? 그것은 화석으로 확인할 길이 없다. 다만 브라키오사우루스에게는 아예 이런 장치가 필요하지 않았을 것으로 추정된다. 브라키오사루우스의 혈압을 걱정한 까닭은 목을 곧추세우고 꼬리를 질질 끌고다니는 브라키오사우루스의 모습을 상상했기 때문이다. 하지만 최근의 연구에 따르면 브라키오사우루스 같은 목긴공룡은 목과 꼬리를 수평으로 유지했을 것으로 보인다. 그렇다면 중력에 대항하는 강한 혈압이 필요없다는 얘기가 된다.

기린이 지적설계의 증거라고?

기린의 소동정맥그물은 생명과 진화에 대한 경외감을 불러일으킨다. 진화는 이미 있는 장치들을 조합하여 새로운 구조와 기능을 창조해낸다. 하지만 똑같은 사안에 대해 정반대로 보는 사람들도 있다. 소위 창조과학자 또는 지적설계론자들이 바로 그 사람들이다. 그들은 이렇게 말한다.

"기린의 혈압과 현상들을 조심스럽게 관찰했으나 이 복잡한 모든 요소들이 어떻게 종합적으로 기린이 생존하도록 작동하는지는 분명하게 설명할 수 없다.

그러나 분명히 확인할 수 있었던 것은, 기린이 물을 마시고 일어나는 순간 경정맥의 밸브는 다시 열렸고, 갯솜(스폰지)조직의 모세혈관과 뇌척수액의 역압은 다시 원래 상태로 돌아가면서, 기린은 아무 이상이 없었다는 사실이다. 뇌출혈은커녕 순간의 두통도 없이 거대한 기린은 하나님의 창조를 맘껏 즐기며 마치 다윗과 같이 노래하는 것 같다는 것이다."

그러나 유감스럽게도 기린의 목을 해부해 보면 지적설계자가 기린을 창조했다는 주장을 무색하게 만드는 형태가 보인다. 리처드 도킨스가 쓴 『지상 최대의 쇼』(김영사, 2009) 479쪽에는 기린과 상어의 후두신경을 비교한 그림이 나온다.

상어의 경우 아가미궁 뒤로 지나가야 하는 미주신경들은 최적의 경로로 곧장 목적 기관인 아가미를 찾아갔다. 하지만 젖먹이동물의 신경은 최적의 경로가 아니라 먼 거리를 우회하고 있다. 이것은 포유류의 조상이 어류 선조로부터 점점 더 멀리 진화하면서 신경과 혈관들도 여러 방향으로 당겨지고 늘어났기 때문이다. 사람의 경우 후두신경이 10센티미터 정도 우회한다. 이 정도까지는 이해할 수 있다.

하지만 기린의 후두신경은 얘기가 다르다. 후두신경은 미주신경과 다발로 묶인 채로 후두를 몇 센티미터 옆으로 지나친다. 신경은 목 끝까지 내려가고 저 멀리서 한 바퀴 돌아 다시 그 길을 돌아온다. 무려 4.6미터나 우회하는 것이다.

이것은 무엇을 말하는 것일까? 만약에 지적설계자가 설계를 했다면 아래로 내려가는 신경다발에서 후두신경을 따로 떼어내 4.6미터의 여정을 몇 센티미터로 줄였을 것이다. 기린의 후두신경만 봐도 생명은 잘 설계된 창조물이 아니라는 사실을 잘 보여준다. 생명은 어떤 목적을 가지고 설계된 창조물이 아니라 환경 상황에 우연히 적응한 결과물이다. 젖먹이동물의 후두신경의 우회는 설계자 개념을 반박하는 증거다.

기린의 목이 점진적으로 길어지다보니 기린의 후두신경도 조금씩 더 우회하다가 4.6미터에 이른 것이다. 여기서 중요한 점은 '점진적'이

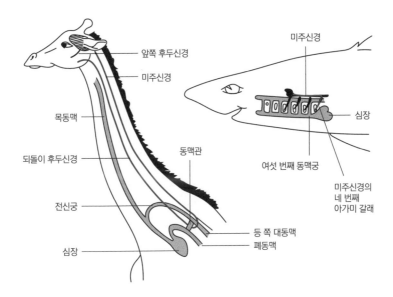

상어의 미주신경은 최단 거리로 아가미궁으로 연결되는 데 반해 기린의 후두신경은 무려 4.6미터나 우회
한다. 이것은 기린의 긴 목이 지적 설계자의 창조물이 아니라 점진적인 진화의 산물이라는 강력한 증거다.
(김영사 제공)

라는 것이다. 1밀리미터 늘어나는 데 들어가는 비용은 사소했다. 그게
쌓여서 4.6미터가 되었을 때는 우회의 총비용이 아주 커졌다. 이쯤 되
면 '질러가는' 돌연변이가 발생한다면 그 개체는 생존에 더 유리했을
것이다. 그렇지만 그런 일은 아직 일어나지 않고 있다.

검치호랑이

2만 년 전 빙하시대. 어느 날 인간에 대한 적개심으로 가득 찬 디에고는 동료들과 함께 마을을 습격한다. 그들의 목표는 아기 로산. 하지만 로산의 엄마는 필사적으로 도망쳐서 폭포 아래로 뛰어내린다. 아기를 살린 엄마는 지나가던 매니와 시드에게 로산을 남기고 어디론가 사라진다. 이 사실을 알게 된 디에고는 매니와 시드에게 접근하여 매니를 죽이고 로산을 빼앗기 위해 갖은 수를 다 쓴다. 하지만 매니와 시드는 로산과 깊은 정이 들었다. 몇 차례 모험을 겪은 끝에 디에고 역시 로산을 엄마에게 돌려주기로 결심한다. 그런데 디에고의 배신을 알아차린 동료들은 이제 디에고를 죽이려고 한다. 시드와 매니 그리고 디에고는 힘을 합쳐서 디에고의 동료들을 물리친다.

2002년 개봉한 애니메이션 「아이스 에이지」는 해피엔딩으로 끝난다. 여기서 디에고는 검치호랑이, 매니와 시드는 각각 매머드와 나무늘보다. 영화에 공룡과 인간이 함께 등장하면 우리는 분노해야 하지만 검치호랑이, 매머드는 사람과 같이 등장해도 된다. 함께 살았기 때문이다.

타르 못에 빠진 동물들

미국 로스엔젤레스 시내 핸콕 공원에는 란초 라 브레아(Rancho La Brea)라고 하는 타르(아스팔트) 못이 있다. 신생대 제3기 지층에서 유래한 타르 물질이 플라이스토세 지층을 뚫고 지면으로 스며 나와서 웅덩이를 이룬 것이다. 이 현상은 지금도 계속되고 있다.

플라이스토세 당시 타르 웅덩이는 물과 모래 그리고 나뭇잎으로 덮여 있어서 쉽게 알아보지 못했다. 매머드와 코끼리, 버펄로와 땅늘보 같은 동물들이 끈적끈적한 타르 못에 빠지면 헤어나올 수가 없었다. 빠져나오려고 발버둥칠수록 몸은 더 깊이 빠져들었고 피곤과 배고픔에 지쳐버리고 말았다. 타르 못에 빠진 동물들은 괴로움에 울부짖었다.

타르 못에 빠진 동물들은 거의 완전한 형태로 수만 년 동안 화석으로 보존되었다. 이 못에서 발견된 화석은 3만 8,000~1만 2,000년 전의 것으로 모두 100만 점이 넘는데 231종 1만 개체에서 유래한 것이다. 여기에는 9,000년 전 호모사피엔스 여성의 두개골도 한 점 포함되어 있다.

보통 포식자 개체의 비율은 생태계에서 5퍼센트를 넘지 않는다. 그런데 타르 못에서는 포식자의 비율이 90퍼센트가 넘는다. 어떻게 이런 일이 생길 수 있을까? 답은 항상 환경에 있다.

지금으로부터 250만 년 전 신생대 제4기 플라이스토세가 시작될 무렵 지구의 풍경은 사뭇 바뀌었다. 울창한 숲이 사라지고 그 자리에 넓은 초원지대가 열렸다. 급작스러운 환경 변화는 초식동물과 포식자 모두에게 충격이었다. 그나마 초식동물은 형편이 나았다. 먹이 종류를 바꾸면 새로운 환경에 적응할 수 있었다. 그러나 포식자들은 훨씬 어려운 상황에 빠지게 되었다. 넓은 초원지대에서는 이전까지 가지고 있던 사냥 기술로는 더 이상 사냥할 수 없었다. 초식동물들이 포식자를 쉽게 발견할 수 있기 때문이다.

이때 타르 못에 빠진 동물들이 울부짖는 소리와 냄새는 포식자를 유혹했다. 타르 늪에 빠진 동물들은 포식자와 맹금류들에게 좋은 먹이로 보였다. 능숙한 사냥꾼이라고 해서 쉽게 얻을 수 있는 먹잇감을 마다할 이유는 없다. 초원지대에서 겨우 살아남은 이들에게 꼼짝 못 하는 초식동물들이 좋은 먹잇감으로 보였다. 그러나 타르 못으로 뛰어든 포식자와 맹금류 역시 먹잇감과 같은 운명에 빠질 수밖에 없었다.

란초 라 브레아 못에서 발견된 포식자 가운데 가장 눈길을 끄는 동물은 120마리에 이르는 스밀로돈(Smilodon)이다. 스밀로돈은 아메리카 대륙에만 살았던 검치호랑이의 일종이다.

송곳니가 긴 고양잇과 동물

고양잇과 동물은 다른 포식자와 구분되는 명확한 특징이 있다. 얼굴 부분이 짧고 눈은 얼굴 앞쪽에 자리 잡고 있다. 어금니는 다른 포식자에 비해 개수가 적은 대신 더 날카로워서 살을 베기에 좋다. 또 발꿈치를 들고 발가락 끝으로 걸으며 발 안쪽으로 발톱을 말아 넣어서 숨길 수 있다. 집에서 키우는 고양이와 아프리카 사바나 초원에 살고 있는 사자는 골격의 크기만 다를 뿐 나머지는 똑같다. 이런 점에서 보면 검치호랑이는 고양잇과 동물이다.

하지만 검치호랑이라는 이름은 적절하지 않다. 현생 호랑이(*Panthera tigris*)는 사자, 퓨마, 재규어 같은 대형 고양잇과 동물과 함께 '판테라'라고 하는 독립적인 속(屬)으로 분류되고 있지만 검치호랑이는 전혀 다른 계통으로 분류되고 있기 때문이다. 따라서 검치호랑이보다는 검치고양이라고 부르는 것이 타당하지만 이미 굳어버린 이름이다. 하긴 검치호랑이처럼 위엄 있는 동물을 발견했는데 누가 거기에 호랑이 대신 고양이라는 이름을 붙이고 싶었겠는가.

그런데 검치호랑이는 현생 고양잇과 동물과도 많이 다르다. 가장 큰 차이점은 이빨이다. 현생 고양잇과 동물의 위쪽 송곳니는 짧고 둥글며 아래쪽 송곳니는 위쪽과 거의 같은 크기다. 턱을 다물어도 앞니 끝이 맞닿을 뿐 서로 맞물리지 않는다. 검치호랑이의 가장 큰 특징인 검치는 칼(劍)처럼 길게 자란 송곳니(齒)를 말한다. 현생 고양잇과 동물의 송곳니와는 완전히 다르다. 위쪽 송곳니인 검치는 아주 길고 납작하며 이빨 테두리에 스테이크 칼 같은 톱날이 달려 있다. 또 턱을 다물면 앞니가 서로 맞물려서 먹잇감의 살을 효과적으로 움켜잡을 수 있다.

검치호랑이가 긴 송곳니를 어떻게 썼을지에 대해서는 과학자들마다 견해가 다르다. 긴 송곳니가 사냥하는 데 쓸모가 없었을 거라고 생각하는 과학자들도 있다. 긴 송곳니를 갈고리처럼 사용해서 나무에 오르는 데 쓰거나 암컷에게 선택받기 위해 자기를 과시하고 다른 수컷을 위협하는 용도였다는 것이다. 이들은 검치호랑이가 사냥꾼이 아니라 시체 청소부라고 생각한다. (터무니없는 주장이 아니다. 대표적인 육식공룡인 티라노사우루스도 사냥꾼이 아니라 시체 청소부라고 주장하는 학자들도 많다.) 어떤 과학자들은 긴 송곳니로 글립토돈의 등딱지를 열었을 것이라고 주장한다. 글립토돈은 머리에서 꼬리에 이르기까지 등쪽이 단단한 껍질로 덮여 있는 포유류인데 현생 아르마딜로를 떠올리면 된다.

다수설은 긴 송곳니가 사냥에 쓰이는 주요한 무기였다는 것이다. 여기에도 두 가지 방법이 있다. 첫 번째는 턱을 다문 상태에서 먹잇감의 살 속에 송곳니를 박아 넣었을 것이라는 주장이다. 실제로 검치호랑이의 송곳니는 턱을 다물어도 턱뼈 아래로 튀어나올 정도로 길었다. 이런 상태로 턱을 먹잇감의 살 속에 찔러 넣어 죽였을 수도 있다. 물론 두 번째인 입을 크게 벌려서 송곳니로 물었을 것이라는 이론이 가장 많은 지지를 받고 있다. 하지만 사냥 방법은 검치호랑이마다 다 달랐을 것이다.

서대문 자연사박물관에 전시되고 있는 검치호랑이(*Smilodon fatalis*). 뒤쪽에 보이는 골격은 검치호랑이의 먹잇감이었던 새끼 매머드다.

사냥하는 검치호랑이. 호모테리움과 달리 스밀로돈은 매복 공격자였다. 숲이 초원으로 변하자 단독생활을 버리고 집단생활을 해야 했다.

호모테리움과 스밀로돈

검치호랑이는 남극과 오스트레일리아를 제외한 전 세계 모든 지역에서 화석으로 발견된다. 그만큼 다양한 종류가 있지만 검치의 모양과 크기에 따라 크게 두 가지로 나눌 수 있다. 하나는 단검형 검치호랑이이고 다른 하나는 군도형 검치호랑이다.

유라시아에서는 2만 8,000년 전에 멸종했지만 아메리카에서는 1만 년 전까지도 살았던 호모테리움은 현생 사자 정도의 체구로 단검형 검치를 가졌다. 두개골은 폭이 좁고 앞다리는 길지만 뒷다리는 짧아서 엉덩이 높이가 어깨보다 낮았다. 하이에나처럼 뒤쪽으로 기울어진 형태인 것이다.

호모테리움은 초기에는 단독생활을 했다. 먼 거리를 먹잇감을 쫓아다니면서 기회를 노리다가 수풀 속에서 낮은 포복으로 몸을 숨기고 먹잇감에 최대한 가까이 접근해서 복부를 공격해서 치명상을 입혔다. 그러고는 먹잇감의 반격을 피해 멀리 떨어져서 과다출혈로 죽기를 기다렸다. 하지만 숲이 초원으로 바뀌면서 사냥 환경이 열악해지자 집단생활을 할 수밖에 없었다. 먹잇감이 죽기를 기다리다 보면 동굴사자나 대형 하이에나 같은 경쟁자들에게 먹이를 쉽게 빼앗길 수밖에 없었기 때문이다. 집단으로 생활하는 호모테리움은 한두 마리가 강한 발톱으로 먹잇감을 쓰러뜨리고 단단히 제압하는 동안 나머지 무리가 목과 배를 앞니와 긴 송곳니로 물어서 치명상을 입혀 과다출혈로 죽게 했을

화가들은 스밀로돈에게 호랑이와 같은 피부색을 입히고 싶어 하지만, 실제로는 그랬을 리가 없다. 스밀로돈은 따뜻한 곳에 사는 현생 고양잇과 동물처럼 갈색 털을 가졌을 것이다

것이다.

애니메이션 「아이스 에이지」에 등장하는 스밀로돈은 군도형 검치호랑이다. 북아메리카 동북부에서 등장하여 남아메리카까지 확산되었지만, 당시 육지로 연결되어 있던 베링해협을 건너서 유라시아로 이동하지는 않았다. 이것은 스밀로돈이 따뜻한 지역에 살았던 동물이라는 뜻이다.

스밀로돈은 현생 사자와 호랑이 정도의 크기였는데 몸통이 육중했고 다리가 짧았다. 수풀 속에서 매복했다가 먹잇감을 덮쳐서 사냥해야 하는 신체 구조였다. 스밀로돈 가운데는 검치의 길이가 28센티미터에 달하는 것도 있었다. 전체의 40퍼센트 정도가 위턱에 박혀 있어서 눈에 보이는 길이는 18센티미터 정도이지만, 사자와 호랑이의 송곳니 전체 길이가 13센티미터에 불과한 것과 비교하면 엄청난 길이다. 스밀로돈 검치에도 톱날 구조가 있는데 사춘기만 지나도 마모되어 거의 흔적이 남아 있지 않다. 이것은 스밀로돈이 검치를 사냥하는 데만 사용하고 먹이를 먹는 데는 거의 사용하지 않았다는 뜻이다.

스밀로돈은 요추(허리 부분의 등뼈)가 짧고 서로 강하게 결합되어 있다. 이런 구조는 빨리 달리거나 몸을 가볍게 놀리는 데는 적합하지 않지만 격렬하게 저항하는 먹잇감을 제압하는 데는 유리하다. 그리고 스밀로돈은 발꿈치뼈가 길다. 이것은 도약 능력이 뛰어났음을 보여준다. 이것은 과학자들이 스밀로돈이 호모테리움과는 달리 매복했다가 먹잇감을 덮치는 사냥꾼이었을 것으로 생각하는 이유다.

애니메이션 「아이스 에이지」에서 스밀로돈은 인간에 대한 적개심을 품고 있다. 충분히 이해할 수 있다. 기원전 1만 년 전부터 인류가 정착하여 농사를 짓기 시작할 무렵 그들은 지구에서 사라지고 말았다. 우리가 길고양이에게 작은 자선을 베푸는 것은 거기에 대한 반성이 아닐까?

3부

곤충의 번식하기

메가네우라

    초가을, 황금빛 들판에는 고추잠자리가 짝을 찾아 헤매는 풍경이 펼쳐진다. 고추잠자리는 몸 길이가 5센티미터, 양 날개를 펴면 너비가 8센티미터 정도 된다. 이런 잠자리를 보고 공포에 떨 일은 없다. 비록 잠자리가 영어로 드래곤플라이(dargon fly)라고 하더라도 말이다. 그런데 만약 날개폭이 75센티미터, 몸통 길이가 40센티미터가 넘는 잠자리 떼가 들판 위에서 짝짓기 비행을 하고 있다면 어떨까? 우리는 그런 들판에서 아이들을 뛰어놀게 놔둘까?

    실제로 이런 거대한 잠자리가 있다. 이름은 메가네우라(*Meganeura*). '거대한 신경'이라는 뜻이다. 투명한 날개에 있는 날개맥이 마치 신경처럼 보여서 붙은 이름이다. 메가네우라는 몸통이 지름 3센티미터로 가늘지만 눈이 크고 턱이 튼튼하다. 또 다리에는 가시가 있어서 먹이를 붙잡기 좋다.

물론 이런 잠자리가 사는 곳이라고 해서 다른 벌레들도 모두 거대한 것은 아니다. 대부분은 몇 센티미터밖에 되지 않는다. 그런데 커다란 놈들이 더러 있다. 날개폭이 48센티미터인 하루살이, 다리 길이만 50센티미터에 이르는 거미, 길이가 1미터인 지네, 무게가 25킬로그램이나 나가는 전갈, 길이 1미터가 훌쩍 넘는 노래기. 아무리 벌레 마니아라고 하더라도 이런 벌레들과 같이 살고 싶은 생각은 없을 것이다. 하지만 너무 걱정할 필요는 없다. 아주 오래전 고생대의 일이니까.

석탄기에는 아직 파충류가 존재하지 않았다. 거대한 잠자리 메가네우라는 크기에 걸맞게 작은 양서류를 잡아먹기도 한다.

5억 4,100만 년 전에 시작하는 고생대는 캄브리아기 – 오르도비스기 – 실루리아기 – 데본기 – 석탄기(3억 5,900만~2억 9,900만 년 전) – 페름기(2억 9,900만 년~2억 5,200만 년)로 나뉜다. 그러니까 석탄기와 페름기는 고생대의 마지막 두 시기인 셈이다. 거대 곤충들이 대량으로 살았던 시기는 3억 3,000만 년 전부터 2억 6,000만 년 전 사이로 석탄기 중기에서 페름기 초기에 걸친 약 7,000만 년 동안이다. 애개 겨우 7,000만년? 결코 짧은 시간이 아니다. 공룡이 멸종한 후 시작된 신생대가 겨우 6,600만 년밖에 되지 않았으니 말이다. 거대 곤충의 시대는 우리 포유류의 시대보다도 더 길었다. 게다가 3억 년 전에는 아직 새도 없고 파충류도 변변치 못했으며 양서류만 있었을 뿐이니, 거대 곤충은 육상의 지배자였다고 할 수 있다.

커다란 잠자리가 어떻게 날았을까?

날개가 있다고 다 날 수 있는 것은 아니다. 지금도 날개를 갖고도 날지 못하는 새들이 많다. 타조가 그렇고 펭귄이 그렇다. 사람이나 코뿔소에게 날개를 달아준다고 해서 날 수 있는 게 아니다. 우리는 날개가 없어서라기보다는 너무 무거워서 날지 못한다. 곤충은 날개가 있거니와 몸집이 작아서 날 수 있다. 곤충이 다른 동물보다 작은 이유는 허파와 심장 그리고 뼈가 없기 때문이다. 뼈 대신 외골격(外骨格)이라고 하

곤충의 번식하기

B급 SF영화에 등장하는 거대한 곤충은 물리적으로 존재할 수 없다.
이렇게 커지면 외골격이 제 풀에 부서지게 된다.

는 단단한 겉껍질이 있어서 형태를 유지하지만 한없이 커질 수는 없다. 한때 파리가 자동차를 번쩍 들어올리고 개미가 탱크만 하고 보잉 747만 한 사마귀가 등장하는 B급 공상과학 영화가 유행하던 시절이 있었다. 이런 곤충은 불가능하다. 개미를 사람만 하게 확대하면 개미의 키틴질 외골격은 제 풀에 부서지고 만다.

곤충은 허파와 심장 대신 외골격에 뚫려 있는 기관(氣管)이라는 가는 관을 통해서 숨을 쉰다. 기관은 가는 가지로 나뉘어 각 세포들과 연결되어 있다. 산소는 기관을 통해 온몸으로 퍼진다. 비능동적인 확산에는 한계가 있다. 따라서 곤충은 무한정 커질 수 없다.

사람들은 오래 달리지 못하고 금방 숨이 찬다. 이것은 육상 100미터 세계기록 보유자인 우사인 볼트라고 해서 예외가 아니다. 표범이나 치타도 마찬가지다. 운동하는 근육에 산소가 충분히 공급되지 못하기 때

잠자리 크기가 줄어든 시점은 중생대에 새가 등장한 시점과 거의 일치한다. 석탄기에는 아직 새가 등장하지 않았다.

문이다. 근육에 산소가 공급되지 못하면 근육세포는 산소로 영양분을 태우지 못하고 산소 없이 당분을 분해한다. 이때 발생하는 에너지는 훨씬 적을뿐더러 젖산이라는 독성 성분이 근육에 노폐물로 쌓인다.

곤충에게는 이런 일이 절대로 일어나지 않는다. 우리를 귀찮게 하는 파리를 생각해보라. 파리는 정말 지치지도 않고 잘도 날아다닌다. 파리에게는 젖산 때문에 근육에 피로가 쌓이는 일은 절대로 없다. 곤충은 유산소 운동으로만 비행하기 때문이다. 날아다니는 곤충은 그 어떤 동물보다도 대사율이 높다.

만약 메가네우라가 지금 살고 있다면 날지 못할 것이다. 아니 존재할

곤충의 번식하기

수가 없다. 왜냐하면 거대한 곤충이 날기 위해서는 공기의 밀도 자체가 아주 높아야 하기 때문이다. 그래야 떠 있을 수 있다. 기압은 공기 중에 얼마나 많은 공기 분자가 있느냐에 따라 달라진다. 공기 중 질소의 양은 일정하다. 산소가 늘어난다고 해서 질소가 줄어드는 게 아니다. 산소가 늘어나면 공기의 밀도와 압력은 자연스럽게 높아진다. 대기 중에 기체 분자 수가 많으면 거대한 곤충들이 더 잘 날 수 있다.

또 산소의 농도도 현재의 21퍼센트보다는 훨씬 높아야 한다. 그래야 무거운 몸을 띄우기에 충분한 에너지를 공급할 수 있다. 산소 농도가 높으면 기관 속에서 산소가 확산되는 속도가 빨라져서 더 멀리 확산될 수 있다. 몸집이 커도 기관으로 숨을 쉴 수 있는 것이다. 비행에 사용하는 근육에 산소가 더 많이 공급되면 조직이 두꺼워지고 곤충의 몸집은 더 커진다. 몸집이 커지면 자신을 잡아먹을 수 있는 동물들도 줄어들고 부피 대 표면적의 비율이 줄어들어 에너지를 더 보존할 수 있어서 유리하다. 산소 농도가 높아지면 곤충은 커지는 방향으로 진화하는 게 자연스럽다. 이런 점을 고려하면 메가네우라가 살던 시기에는 산소 농도가 지금보다는 훨씬 높아야만 한다.

그 많은 산소는 다 어디에서 왔을까?

3억 년 전에 메가네우라 같은 거대 곤충이 존재했다는 사실은 당시 산소 농도가 매우 높았다는 것을 말해준다. 연구에 따르면 3억 년 전 석탄기에는 대기의 산소 농도가 35퍼센트에 달했다. 도대체 이렇게 높은 산소 농도는 어디에서 기인했을까? 그 비밀은 석탄에 있다.

석탄기가 시작되기 직전에 최초의 나무들이 지구에 생겨났다. 높이 20~30미터에 이르는 아름드리 나무들이 해안과 늪지에서 고산지대에 이르기까지 육지를 온통 뒤덮었다. 기후는 따뜻했고 이산화탄소의 농도는 산업혁명기의 열 배에 달했기 때문이다. 나무들은 뿌리가 변변치 못해서 쉽게 뽑혔다. 또 초대륙 판게아가 형성된 상태였으므로 넓은 평원은 쉽게 물에 잠기어 습지가 되었다. 물에 잠긴 나무는 숨을 쉬지 못하고 죽었다.

죽은 나무는 썩는다. 그런데 나무가 썩으려면 나무를 썩게 하는 미생물이 있어야 한다. 하지만 당시에는 나무의 섬유 성분인 리그닌을 소화하는 세균들이 극히 적었다. 나무가 처음 생겼기 때문이다. 지금도 세균들은 리그닌을 쉽게 분해하지 못한다. 지구에 리그닌은 엄청나게 빠른 속도로 형성되는 데 반해 분해는 거의 일어나지 못했다. 석탄기는 숲이 썩지 못하고 매장되는 시기였다.

매장된 나무의 운명은 석탄이었다. 리그닌은 열과 압력을 받아 석탄이 되었다. 탄소로 구성된 유기물이 고스란히 매장된 것이다. 거대 곤충이 지배했던 7,000만 년 동안 전 세계 석탄의 90퍼센트가 생겼다. 육지 생태계의 바닥에 나무가 있다면 (당시에는 아직 풀이 없었다.) 바다 생태계의 바닥에는 플랑크톤이 있다. 플랑크톤의 시체도 바다 밑바닥에

곤충의 번식하기

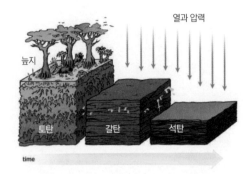

늪지 토탄 갈탄 석탄 열과 압력 time

석탄기에는 울창한 나무를 썩게 할 박테리아가 없었다. 늪에 빠진 숲은 열과 압력을 받아 토탄 → 갈탄 → 석탄 순서로 변한다. 전체 석탄의 90퍼센트가 석탄기에 형성되었다.

쌓였다.

산소 농도가 균형을 유지하려면 나무가 광합성을 통해 생성한 산소는 다시 나무를 분해하는 데 쓰여야 한다. 즉 리그닌의 탄소와 결합하여 이산화탄소가 되어야 할 산소들이 공기 중에 그대로 산소로 남은 것이다. 바다에 쌓인 플랑크톤의 시체는 메탄 형태로 저장되었다. 결국 대기의 산소 농도는 급격히 높아졌다. 덕분에 곤충은 거대해질 수 있었다.

석탄을 다 태워버리면 어떤 일이 일어날까?

곤충도 아니면서 외골격이 있는 동물들이 또 있다. 새우, 게, 가재 같

가을 들판에서 짝짓기 하는 고추잠자리를 보면서 거대 곤충들을 상상해보라.

은 갑각류도 단단한 껍데기가 있다. 뾰족머리옆새우, 참옆새우, 모래벼룩 같은 단각목(端脚目)도 갑각류에 속한다. 바다에는 수천 종의 단각류가 살고 있는데, 극지방에 사는 단각류가 열대지방의 단각류보다 훨씬 크다. 극지방의 바다에는 열대지방의 바다보다 산소가 두 배나 더 녹아 있기 때문이다.

극지방에 살고 있는 수천 종의 단각류는 극지방 먹이사슬의 밑바닥을 차지한다. 플랑크톤을 먹고사는 해양 단각류는 어린 대구의 먹이다. 어린 대구는 바다표범의 먹이이며, 바다표범은 다시 북극곰의 먹이가 된다.

곤충의 번식하기

만약에 우리가 3억 년 동안 감추어져 있던 석탄을 모두 태워버린다면 어떻게 될까? 대기의 산소 농도는 낮아지고 지구 온도는 높아질 수밖에 없다. 지금도 매년 산소 농도는 0.000002퍼센트씩 낮아지고 있으며 지구온난화도 엄연한 사실이다. 단각류에서 북금곰에 이르는 먹이사슬이 깨질 것이다. 그것은 아주 작은 하나의 예에 불과하다. 결국 우리 인류의 생존과 직결된 문제가 된다. 화석연료를 다 태워 없애면 안 되는 까닭이 바로 여기에 있다.

높은 산소 농도는 곤충을 7,000만 년 동안이나 육상의 지배자로 만들었다. 하지만 어떤 왕좌도 영원하지 않다. 높은 산소 농도로 기회를 얻은 동물이 또 있었다. 동물들에게 물이 아니라 육상에 알을 낳을 수 있는 기회가 생긴 것이다. 결국 이것은 파충류와 포유류의 진화로 이어진다.

황금 들판을 나는 고추잠자리를 보면서 산소가 충만했던 3억 년 전 거대 곤충들이 날아다니며 짝짓는 장면을 상상해보자. 정말 굉장하지 않은가!

바퀴벌레

병정들이 전진한다 이 마을 저 마을 지나 / 소꿉놀이 어린이들 뛰어와서 쳐다보며 / 싱글벙글 웃는 얼굴 병정들도 싱글벙글 / 빨래터의 아낙네도 우물가의 처녀도 / 라쿠카라차 라쿠카라차 아름다운 그 얼굴 / 라쿠카라차 라쿠카라차 희한하다 그 모습 / 라쿠카라차 라쿠카라차 달이 떠올라 오면 / 라쿠카라차 라쿠카라차 그~립다 그 얼굴

요즘은 듣기 어렵지만 1970~80년대에만 해도 라디오와 텔레비전에서 자주 들을 수 있었던 스페인 민요다. 내가 학교에 다닐 때는 교과서에도 실려 있었다. 그런데 후렴을 명랑하게 장식하는 '라쿠카라차(La Cuccaracha)'는 놀랍게도 바퀴벌레라는 뜻이다. '라'는 영어의 the에 해당하는 정관사이니 쿠카라차가 바퀴벌레다. 영어의 코크로치(*cockroach*)도 여기에서 나왔다.

곤충의 번식하기

가장 멸시받는 생물

"당신이 가장 싫어하는 동물은 무엇입니까?" 1981년 미국 어류 및 야생동물관리국(FWS)이 3,107명의 성인에게 물었다. 설문조사에 따르면 미국인들이 가장 싫어하는 동물 3~6위는 쥐, 말벌, 방울뱀, 박쥐가 차지했다. 그렇다면 1위와 2위를 차지한 동물은 무엇일까? 독자가 짐작한 바로 그 동물이다. 모기와 바퀴벌레다. 그런데 밤마다 잠도 자지 못하게 성가시게 굴고 매년 70만 명 이상의 목숨을 앗아가는 모기보다도 바퀴벌레가 더 높은 자리를 차지했다. 모기보다도 싫은 동물이 있다니……. 조금 놀랍지 않은가.

우리가 알고 있는 바퀴벌레 다섯 종, 그러니까 독일바퀴벌레, 미국바퀴벌레, 동양바퀴벌레, 회색바퀴벌레, 갈색줄무늬바퀴벌레는 모두 해충으로 분류된다. 하지만 지구에는 해충으로 분류되지 않은 바퀴벌레가 4,500종이나 더 있다. 이들 야생 바퀴벌레는 열대의 숲에서 만족하며 살고 있다.

바퀴벌레는 곤충이다. 뼈대 없는 가문에 속한다. 대신 단단한 껍질이 있다. 몸은 머리, 가슴, 배 세 부분으로 나뉘는데 가슴에 여섯 개의 다리가 있다. 알을 낳으며 체온은 외부 온도에 따라 변해서 뜨거운 사막에서 얼어붙은 협곡에 이르기까지 어디든 존재한다. 이렇게 강인한 생명력은 그들의 오랜 역사를 짐작하게 해준다. 곤충은 무려 4억 년 전에 지구에 등장했다. 이제는 사라질 때도 됐을 것 같지만 여전히 지구 생명체의 75퍼센트 이상을 차지하고 있다.

사실 사람이 곤충을 유독 싫어하는 이유가 있다. 바로 먹이 경쟁을 하기 때문이다. 호랑이와 하마, 기린, 펭귄, 사슴이나 고등어와 고래는 사람과 먹이를 놓고 다투지 않는다. 그런데 곤충은 식량자원을 놓고 사람과 경쟁한다. 이게 전부가 아니다. 사람과 함께 사는 곤충들 가운데는 질병을 옮기는 것들이 많다. 사람에게 가장 위험한 동물은 사람이 아니라 바로 모기다. 매년 45만 명이 사람에게 살해당하는 데 비해 모기에 물려 죽는 사람은 매년 75만 명에 이른다.

곤충은 지구 생태계의 최고 포식자인 호모 사피엔스에게 그렇게 미움을 받으면서도 꿋꿋하게 지구의 지배자로 살아가고 있다. 여기에는 몇 가지 이유가 있는데, 근육도 그 가운데 하나다. 곤충에게는 근육이 많다. 사람의 근육은 792개다. 그런데 메뚜기에게는 900개의 근육이 있다. 단단한 껍질(외골격)이 몸 안쪽의 근육을 끌어당기는 지렛대 역할을 해서 자기 체중보다 20배 이상 무거운 것도 지탱할 수 있다. 체중 70킬로그램인 사람이 1.4톤의 자동차를 들 수 있는 셈이다. 이쯤 되면 곤충을 지구에서 가장 우월한 생명체라고 불러줄 만하다. 바퀴벌레는 이렇게 어마어마한 곤충의 가장 오래된 멤버다.

살아 있는 화석

이산화탄소 농도가 지금보다 열 배쯤 높았다. 이산화탄소는 중요한 온실가스다. 당연히 기온도 높았다. 이산화탄소 농도와 기온이 높으니 광합성이 활발했다. 양치류와 이끼로 덮여 있는 숲에 키가 20~30미터에 달하는 거대한 나무들이 등장했다. 그 아래는 소철이나 은행나무의 조상들이 살았다. 하지만 나무를 옮겨 다니면서 괴성을 지르는 원숭이들은 볼 수 없었다. 심지어 달콤한 과일과 화려한 꽃도 아직 등장하지 않았다. 고생대 석탄기(3억 5,900만~2억 9,900만년 전)로 불리는 지금부터 약 3억 4,000만 년 전의 지구 풍경이다. 첫 번째 공룡이 등장하려면 1억 5,000만 년을 기다려야 하고 첫 번째 영장류는 적어도 3억 년은 더 있어야 하는 때였다.

그런데 이때 이미 지구에는 600종 이상의 바퀴벌레가 살고 있었다. 한곳에서 1,900마리 이상의 바퀴벌레 화석이 발견되기도 했다. 4,000만 년이 지난 후에는 800종으로 늘었다. 3억 년 전 지층에서는 길이가 9센티미터에 달하는 초거대 바퀴벌레 화석이 발굴되었다. 영국 부스(Booth) 자연사박물관의 에드 자젬보스키(Ed Jazembowski)는 영국 남부 지방에서 약 50×50센티미터의 공간에 385종의 초기 석탄기 바퀴벌레 종이 군집된 화석을 발견하였다. 이 화석에서는 날개의 색깔, 줄무늬, 눈의 렌즈 같은 세부적인 사항도 잘 보존되어 있다.

아열대지방의 나무들은 스트레스를 받으면 끈적끈적한 수액을 생성한다. 호박(琥珀)은 이것이 굳은 것이다. 도미니카 공화국과 발트해에서 발견된 호박에는 몸을 찌그러뜨리지 않은 바퀴벌레들이 보존되어 있다. 여기서는 고생대 바퀴벌레의 알 모양과 바퀴벌레를 숙주로 삼았던 미생물의 형태까지 볼 수 있다.

미국의 곤충학자 조지 포이나르(George Poinar)는 도미니카에서 발견된 수천 점의 호박에서 꽃가루, 규조류를 비롯한 미생물을 발견하였다. 그리고 이것을 바탕으로 석탄기의 도미니카 숲을 생생하게 재구성했다. 여기서 발견된 미생물들은 바퀴벌레를 숙주로 삼았다. 모상성충과 나나니벌도 바퀴벌레 몸에 살면서 바퀴벌레를 포식했다. 바퀴벌레에 기생한 생물은 20만 종이 넘는 것으로 보인다. 여기에 자극을 받은 바퀴벌레는 끊임없이 진화했다. 지금 사람들이 가장 싫어하는 바퀴벌레를 만든 생물들은 바퀴벌레를 끊임없이 괴롭혔던 기생생물들이다.

호박은 벌레의 몸 형태뿐만 아니라 DNA도 오랫동안 보존한다. 포이나르는 호박에서 추출한 DNA를 이용하여 옛 생명체를 복원할 수 있다는 아이디어를 퍼뜨렸다. 그리고 자신의 아내 로베르타와 아들 핸드릭과 함께 연구팀을 꾸려서 호박에 갇힌 곤충의 DNA를 추출하는 실험을 시작했다. 여기에서 영감을 얻은 SF작가 마이클 크라이튼은 1991년 『쥬라기 공원』이라는 걸작을 탄생시켰으며, 이듬해인 1992년에는 포이나르가 마침내 1억 2,500만 년 전 호박에 갇힌 바구미의 DNA를 성공적으로 추출했다고 발표했다. 그러나 이 실험에 대해서는 실험 샘플의 연대와 실제 결과에 대해 의심하는 과학자들이 많다.

곤충의 번식하기

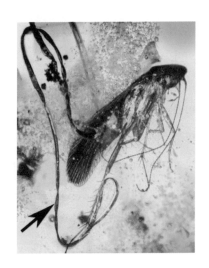

호박 속에 사로잡힌 바퀴벌레에게서
털처럼 가느다란 모양선충(毛樣線蟲, 화살표)이
필사적으로 빠져나오려고 하고 있다.
도미니카에서 발견된 고생대 석탄기 호박.
(《Asvance in biology》)

혁신의 끝

석탄기는 바퀴벌레의 시대였다. 과학자들은 석탄기에는 당시 살고 있는 곤충 개체수의 40퍼센트가 바퀴벌레였을 것으로 추정한다. 바퀴벌레가 살기 좋았던 시절이다. 먹을 것은 풍족했고 아직 곤충을 잡아먹는 육식동물은 등장하지 않았기 때문이다. 자신에게 기생하는 생물들이 귀찮기는 했지만 거기에 적응했다. 그 누구도 바퀴벌레의 번창을 막지 못했다.

그런데 바퀴벌레에게 위기가 닥쳤다. 하나의 거대한 초대륙으로 붙어 있던 판게아가 쪼개져서 지구를 떠돌아다녔다. 환경이 범지구적으로 급격히 변하였다. 대부분의 생명들은 새로운 환경에 적응하지 못하고 사라졌다. 누군가에게는 멸종의 위기라면 누군가에게는 혁신의 기회다.

다른 곤충들이 사라질 때 바퀴벌레는 혁신을 선택했다. 고대의 바퀴벌레는 현대의 바퀴벌레처럼 몸이 편평했다. 그런데 거의 몸길이에 육박하는 산란관이 있었다. 바퀴벌레는 나무껍질 아래 기다란 산란관을 박고 한 번에 알을 하나씩 낳았다. 2억 2,000만 년 전 중생대 트라이아스기 후기의 바퀴벌레는 옛 모습을 버리고 새롭게 태어났다. 산란관을 버렸다.

하지만 거기까지였다. 거대한 공룡의 세상이었던 백악기가 되자 현대 바퀴벌레의 모습이 등장했다. 그러고는 혁신이 멈추었다. 오늘날 바퀴벌레는 현존하는 곤충류의 1퍼센트에 불과하다. 최근 1억 년 동안 바퀴벌레는 '한 번 바퀴벌레는 영원한 바퀴벌레'라는 신조를 지키고 있는 듯하다. 바퀴벌레는 인간이 가장 미워하는 곤충이다. 바퀴벌레가 포유류에 의해 박멸될 날이 멀지 않아 보인다. 혁신의 끝은 멸종이다.

바퀴벌레는 왜 바퀴벌레일까?

생물은 '계–문–강–목–과–속–종'이라는 체계로 분류한다. 절지동물 문(門) 곤충 강(綱)에는 26개의 목(目)이 있는데, 모든 바퀴벌레는 망시(網翅)목에 속한다. 날개맥이 그물처럼 되어 있다는 뜻이다. 망시

목의 학명은 *Blattaria*이다. 고대 그리스에서 집해충을 뜻하던 *blattae*에서 온 말이다. 맙소사, 목 이름 자체가 집해충이라니. 그런데 망시목에 속한 아목(亞目)을 보면 이해가 된다. 망시목에는 바퀴아목, 흰개미아목, 사마귀아목이 있다.

이 가운데 최고의 해충은 누가 뭐라고 해도 흰개미다. 그런데 흰개미는 개미와 상관이 없다. 생긴 것도 완전히 다르다. 개미의 모습을 떠올려보라. 누구 몸매와 닮았는가? 날개 떨어진 말벌처럼 생겼다. 그렇다. 개미는 벌목에 속한다. 흰개미는 바퀴벌레와 가장 가까운 곤충이다.

바퀴벌레와 흰개미 그리고 사마귀는 생김새는 영 다른 것처럼 보인다. 그런데 이들을 왜 하나의 목으로 묶어 놓았을까? 이들에게 매우 특별한 공통점이 있기 때문이다. 그것은 바로 '알주머니'다. 말 그대로 암컷이 알을 낳는 주머니인데 작고 딱딱한 껍질이 있다.

그런데 바퀴벌레는 왜 바퀴벌레일까? 여러 가지 속설이 있으나 답은 의외로 간단하다. 바퀴벌레가 하도 빨라 마치 바퀴가 달린 것처럼 보여서 붙은 이름이다. 바퀴를 강구라고 하는 곳에서는 바퀴벌레를 강구벌레라고 하고, 바퀴를 박회라고 하는 곳에서는 바퀴벌레를 박회벌레라고 불렸던 것을 보면 알 수 있다.

'라쿠카라차'는 멕시코 혁명(1910~1920) 당시 농민혁명군의 노래였다. 이 노래는 멕시코 인민들의 피맺힌 역사를 담고 있다. 농민혁명군들은 자신들이 비록 바퀴벌레처럼 멸시받지만 아무리 죽여도 나타나는 바퀴벌레처럼 끈질긴 생명력이 있다는 것을 노래하지 않았을까?

하루살이

'하루살이 인생'이란 말이 있다. 그날 벌어 그날 먹고사는 우리네 인생살이를 두고 하는 말이다. 또 인생의 덧없음을 표현하기도 한다. 하지만 하루살이는 단지 하루만 사는 게 아니다. 성충으로 하늘을 날면서 하루밖에 살지 못할 뿐, 애벌레 상태로는 3년까지도 산다. 다만 우리가 그것을 보지 못할 뿐이다. 더 놀라운 일이 있다. 지금 눈앞에 하루살이가 날아다니고 있는가? 그렇다면 당신은 3억 3,000만 년 전에 등장한 살아 있는 화석을 보고 있는 셈이다.

하루살이는 가장 오래된 날개 구조를 가진 현생 곤충이다. 즉 하루살이의 날개는 지구상에 존재하는 가장 구식 날개라는 것이다. 하루살이는 다른 곤충들처럼 두 쌍의 날개가 있다. 곤충의 구조는 머리 - 가슴 - 배로 구분하는데 가슴은 세 마디로 되어 있다. 현생 곤충의 날개는 둘

곤충의 번식하기

째와 셋째 마디에 달려 있다. 물론 첫째 마디에 날개가 달린 곤충도 있었지만 자연에서 금방 퇴출되고 말았다. 첫째 마디는 커다란 근육이 발달하기에는 너무 작았을 뿐만 아니라 곤충의 무게중심이 뒤쪽에 치우쳐 있어서 비행에 적합하지 않았기 때문이다. 하루살이 앞날개는 뒷날개보다 훨씬 크다. 양력(揚力)을 거의 책임지고 있다.

하루살이 비행은 날렵하지 못하다. 새에게 쉽게 잡아먹힌다. 물에 잠깐 내려앉으면 물고기 밥이 된다. 그래서 택한 방법이 가능하면 커다란 무리를 지어 포식자를 수적으로 압도하는 것. 덕분에 우리는 수십만 마리의 하루살이 군무를 볼 수 있다.

하루살이가 하늘을 나는 이유는 뭘까? 하늘에 하루살이가 잡아먹을 만한 대상이 있을 리가 만무한데 말이다. 심지어 하루살이 수컷에게는 입도 없다. 암컷을 찾는 데 짧은 삶을 온전히 투자하기 위해 먹는 것을 포기했다. 수컷 하루살이에게는 단 한 가지의 목적만 있다. 짝짓기가 바로 그것. 번식이 삶의 유일한 이유다. 이때 떼를 지어 날아다녀야 암컷의 시선을 끌기 좋다.

암컷 하루살이를 발견한 운 좋은 수컷은 긴 다리로 암컷을 낚아챈 후 정포를 전달한다. 정포를 받은 암컷은 물 위에 내려앉는다. 대부분은 즉시 물고기의 밥이 되지만 운 좋은 암컷은 잡아먹히기 전에 수정란을 물속에 투하할 기회가 있다. 수정란은 호수 바닥에서 새로운 삶을 시작한다. 3억 3,000만 년 전에도 그랬다.

석탄과 귀의 탄생

하루살이는 원래 습지에서 살았다. 습지는 만만하지 않았다. 수많은 무악어류와 양서류들이 득실거렸다. 물과 땅 그 어디에서도 마음 편히 짝을 지을 수가 없었다. 포식자에서 벗어나 안전한 곳을 찾아야 했다. 남은 곳는 하나. 바로 하늘이다. 하루살이가 날개를 처음 펼쳤을 때 하늘은 완전한 미개척지였다. 익룡도 박쥐도 새도 없었다.

곤충 가슴에 날개가 돋은 때는 고생대 석탄기. 38억 년 전 지구에 생명이 생겼다. 생명이 육상에 처음 진출하기까지는 무려 33억 년이 지난 4억 8,000만 년 전의 일이다. 그리고 그때부터 다시 1억 5,000만 년 이상이 지난 3억 2,700만 년 전에야 생명은 하늘을 날기 시작했다.

하늘은 안전했다. 날개 덕분에 서식지를 쉽게 옮길 수 있었다. 물속에 떨어진 알과 물에서 사는 애벌레는 원래 수정된 곳에서 멀리 떨어지게 된다. 하지만 괜찮았다. 날갯짓으로 원래 번식지인 상류를 찾아갈 수 있었다. 강 대신 내륙의 얕은 호수와 연못을 새로운 번식지로 선택할 수도 있었다. 얕은 물에는 물고기가 적다는 장점이 있다.

하루살이가 번창했던 석탄기는 이름 그대로 우리에게 석탄을 남겨주었다. 거대한 폭풍에 휩쓸려 습지에 쌓인 나무 위로 빗물이 범람하고 흙이 켜켜이 쌓여 유기물 퇴적층이 되고, 이 퇴적층이 오랜 세월 동안 지질 활동의 압력을 받아 생긴 것이 바로 석탄이다. 당시는 죽은 나무들이 분해되지 못했다. 죽은 나무가 분해되기 위해서는 우선 새, 포유

하루살이. 3억 3,000만 년 전에 등장하여 아직도 존재하는 살아 있는 화석. 하루살이와 잠자리는 앞뒤 날개를 따로 움직이거나 지향성 비행을 하지 못한다. 날지 않을 때 날개를 몸 뒤쪽으로 접지도 못한다.

류, 벌, 말벌, 나무좀, 흰개미, 개미 같은 것들이 나무에 구멍을 내고 잘게 부수고 가루를 만들어야 한다. 그다음에야 곰팡이와 미생물들이 물과 이산화탄소로 완전히 분해할 수 있다. 당시에는 이런 생물상(相)이 없었다.

　석탄기는 지구에 또 하나의 선물을 주었다. 귀가 바로 그것이다. 석탄기 초기에 열쇠구멍 양서류가 등장했다. 눈이 열쇠구멍처럼 생겼다고 해서 붙은 이름이다. 열쇠구멍 양서류는 최초로 귀를 진화시킨 척추동물이다. 열쇠구멍 양서류는 작은 동물이었다. 물고기나 다른 작은 양서류를 잡아먹었던 커다란 양서류와 달리 열쇠구멍 양서류는 다양한 절지동물과 곤충을 잡아먹었다. 작은 동물은 잘 보이지 않는다. 열쇠구멍 양서류는 낙엽 더미 속에서 부스럭거리는 소리, 누군가가 먹이를 갉아먹는 소리, 그리고 날갯짓 소리 같은 다양한 소리를 들어야 했다. 곤충의 날개 덕분에 척추동물의 귀가 진화한 것이다.

숲과 날개

석탄기 후기에 날개가 생긴 이유는 무엇일까? 추락하는 것은 날개가 있다. 추락할 이유가 없는 동물에게는 날개가 있을 이유가 없다. 곤충에게 날개가 생긴 까닭은 높이 올라야 했기 때문이다.

곤충은 변온동물이다. 밤이 되면 체온이 떨어진다. 아침에 체온이 다시 오를 때까지 아무 일도 하지 못한다. 식물 위에 앉아 햇빛을 받아야만 한다. 우리가 보는 곤충은 모두 성충이다. 반복해서 말하지만 모든 곤충의 최대 사명은 짝짓기다. 포식자를 피하기 위해서든 짝짓기를 위해서든 먼저 체온을 올리는 개체가 유리하다.

현생 곤충들은 날개를 태양전지판으로 이용한다. 곤충의 날개에는 가느다란 줄이 있는데 이것을 시맥(翅脈)이라고 한다. 시맥에는 피가 흐른다. 시맥으로 흘러든 피가 햇빛으로 데워진 후 다시 몸 안으로 들어가 체온을 높이는 것이다. 석탄기 초기의 곤충들에게는 아직 날개는 없었지만 체온을 빨리 높이기 위해 숲 바닥의 그늘 속에 머물지 않고 나무 위의 양지를 찾아야 했다. 이산화탄소 농도가 높았던 석탄기에 숲은 점차 울창해지고 나무는 치솟았다. 이것을 따라 곤충은 점점 높이 올라가야만 했다.

높은 곳에 오를수록 짝을 찾는 데 유리했다. 현생 곤충들도 짝짓는 장소로 높은 나무, 바위, 언덕을 좋아한다. 석탄기 곤충들도 마찬가지였다. 점점 높은 나무에 올라가 짝을 찾았다. 볼일을 다 봤으면 내려와야 했다. 가장 좋은 방법은 뛰어내리는 것이다. 또 오르다가 발을 헛디뎌 떨어질 수도 있다. 이때 날개가 있으면 좋으련만 아직 날개가 없었다.

이가 없으면 잇몸으로라도 먹어야 하는 법이다. 석탄기 초기에 아직 날개가 없던 곤충 가운데는 가슴마다 양쪽이 약간 튀어나와 있는 것들이 있었다. 이것을 측배판이라고 한다. 날개는 아니지만 높은 식물에서 점프하거나 발을 헛디뎌 떨어질 때 일시적인 활강에 도움이 되었다.

측배판이 날개로 진화했다. 3억 2,700만 년 전의 일이다. 이때부터 수백만 년 사이에 날개는 급속도로 보급되었다. 300만 년 후 하루살이가 등장했다. 하루살이를 비롯한 날개 달린 곤충은 금세 육상 생태계를 장악했다. 이때부터 1억 년 이상 동안 곤충은 지구 하늘을 완전히 지배하였다.

5억 4,100만 년 전 지구에 눈이 처음 생기자 생명의 양식이 완전히 바뀌었다. 그전에는 입을 벌리고 물속을 떠다니는 게 전부였다. 헤엄도 치지 않았다. 보이지 않는데 어디로 가겠다고 헤엄을 치겠는가? 모양과 색깔도 한계가 있었다. 눈이 생기자 헤엄칠 이유가 생겼다. 도망가고 추적해야 했기 때문이다. 따라서 모양과 색깔도 다양해졌다. 3억 2,700만 년 전 날개가 생기자 또 생명의 양식이 완전히 바뀌었다. 날개 달린 곤충은 이동하고 구애하고 먹이를 찾는 데 뛰어났다. 포자를 먹기 위해 나무를 기어오르는 곤충에 비해 날개 달린 곤충은 시간과 에너지를 엄청나게 절약했다. 가뭄이 들거나 산불이 나도 얼마든지 이동할 수 있었다. 더군다나 하늘에는 포식자도 없었다.

날개의 혁신

석탄기에 등장한 곤충들은 날개라는 신기술을 찾았지만 모두 사라지고 말았다. 남아 있는 것이라고는 하루살이와 잠자리뿐이다. 신기술이 신기술로 인정받는 것은 잠깐이다. 자연의 역사는 혁신의 연속이다. 석탄기 후기에 날갯죽지 근처에 막이 달린 겨드랑이판을 장착한 날개가 등장하였다. 겨드랑이판은 날개를 맘대로 비틀 수 있어서 지향성 운동이 가능했다. 겨드랑이판이 없는 날개가 달린 곤충들은 먹이를 찾는 데 훨씬 불리했다.

잠자리 잡을 때를 생각해보자. 우리는 맨손으로도 잠자리를 쉽게 잡는다. 잠자리는 풀 위에 앉아 있을 때도 날개를 펴고 있다. 접어도 날개가 몸에 바짝 붙지 않고 하늘을 향해 있다. 겨드랑이판이 없기 때문이다. 겨드랑이판이 있는 곤충들은 식물이나 암석 위에 앉아 있을 때 날개를 펴지 않고 날갯죽지를 비틀어 등 위로 접을 수 있다. 훨씬 단출한 것이다.

곤충의 번식하기

메뚜기, 딱정벌레, 벌과 매미 같은 대부분의 현생 곤충에게는 겨드랑이판이 있어서 날개를 자유자재로 움직일 수 있고, 날지 않을 때는 날개를 몸 뒤쪽으로 단출하게 접을 수도 있다.

겨드랑이판은 앞날개와 뒷날개가 따로 움직일 수 있다는 것을 의미한다. 비행의 기술이 다양해졌다. 그 결과 곤충의 진화에는 무궁무진한 가능성이 생겼다. 메뚜기, 딱정벌레, 나비, 벌, 파리, 풀잠자리, 강도래 같은 대부분의 현생 곤충들이 등장한 까닭은 겨드랑이판 때문이다. 작은 혁신 하나가 곤충의 운명과 하늘의 역사를 바꾸었다.

혁신을 이루지 못했음에도 하루살이와 잠자리가 지금까지 존재하는 이유는 무엇일까? 잠자리는 허접한 날개에도 불구하고 장거리 비행능력이 있다. 심지어 인도에서 아프리카까지 1만 8,000킬로미터를 날아갈 수도 있다. 그리고 무엇보다 사냥할 때 인간 수준의 집중력을 발휘한다. 잠자리는 떼를 지어 날아가는 수많은 작은 곤충 중에서 단 하나의 목표물만을 선택해야 하는데 일단 목표를 고르면 뉴런 활동이 다른 곤충들을 걸러내 사냥 성공률은 97퍼센트나 된다.

그렇다면 하루살이가 아직도 살아남은 이유는? 단 한 가지다. 떼 비행, 거대한 집단을 이루는 능력이다. 우리네 하루살이 인생살이에게 필요한 것이 바로 그것이다. 그래서 우리는 2016년 가을부터 2017년 봄까지 토요일마다 광화문에 갔다.

구식 날개를 가진 하루살이의 생존 전략은 가능한 한 많은 무리를 지어 사는 것이다.

4부

그
밖의
동물의
역사

펭
권

펭귄의 모습은 우스꽝스럽다. 몸통은 커다랗고 머리를 어깨 위에 바로 얹은 듯 목은 짧으며, 다리는 무릎이 없어서 굽히지 못하고 뒤뚱거리면서 걷는다. 하지만 이것은 겉모습일 뿐 실제 뼈대는 다르다. 펭귄 다리는 몸 길이의 절반에 가까울 정도로 길다. 펭귄의 엑스레이 사진을 보면 그동안 우리가 속은 것을 알 수 있다. 펭귄은 무릎을 몸 안에 숨기고 있다. 목도 생각보다 길다. 마치 말을 타고 있는 것처럼 무릎을 굽히고 있다. 누워 있을 때도 마찬가지다. 그러니까 펭귄은 뻣뻣하게 서 있는 게 아니라 항상 무릎을 어정쩡하게 굽히고 있는 셈이다.

펭귄이 좌우로 뒤뚱거리며 걷는 모습을 보면 안타깝기 그지없으나 그것은 순전히 우리 생각이다. 펭귄의 걸음걸이가 꼭 불편한 것만은 아니다. 시계추는 한 번만 흔들어주면 태엽의 작은 힘만으로도 계속 좌우로 흔들린다. 펭귄도 마찬가지다. 시계추처럼 좌우로 뒤뚱거리면서 걷기 때문에 큰 힘을 들이지 않고도 다리를 움직일 수 있다.

사람들은 펭귄을 좋아한다. 모습이 귀엽기 때문만은 아니다. 펭귄은 수컷의 수가 적어서 짝짓기 철이 되면 암컷 여러 마리가 수컷 한 마리를 걸고 싸우는 지구상에 몇 안 되는 종 가운데 하나다. 암컷의 투쟁으로 선택받은 수컷은 겨울에 새끼를 위해서 몇 달씩 굶고 수백 킬로미터에 이르는 길을 오가면서 부성애의 상징이 되었다. 하지만 펭귄이 아무리 친근하게 느껴져도 우리와 같은 젖먹이동물은 아니다.

날지 못하는 새

펭귄은 새다. 다른 조류와 마찬가지로 깃털이 있고, 손가락뼈, 손바닥뼈, 손목뼈가 합쳐진 수골(手骨)과 단단한 각질(角質)로 된 부리가 있으며, 알을 낳는다. 하지만 앞다리는 날개가 아니라 지느러미 형태로 변했고, 지방층이 두꺼워져서 뒷다리는 짧아 보이며, 골밀도가 높아서 날지 못한다. 그러니까 펭귄은 날지 못하는 새다. 하지만 안타까워할 필요는 없다. 펭귄은 대신 바닷속에서는 물 찬 제비처럼 날아다니듯 헤엄을 친다. 임금펭귄은 300미터 이상 잠수해서 7분이나 물속에 머물 수 있다. 펭귄은 왜 날지 못하게 되었을까? 펭귄은 어떻게 물속 재간꾼이 되었을까?

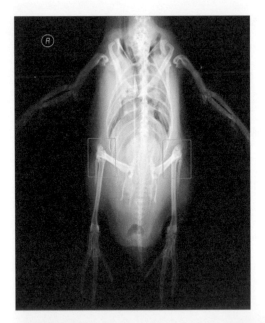

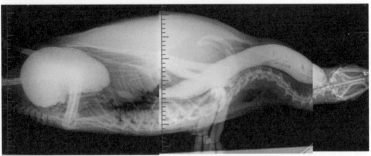

펭귄은 목은 짤막하고 다리는 발목부터 있는 것 같지만 엑스레이 사진을 보면 실제로 목은 길며 무릎은 몸 속에 감춰져 있다. 초기 펭귄도 비슷한 모양이었다.

그 밖의 동물의 역사

여기에는 몇 가지 가설이 있다. 가장 대표적인 것이 펭귄이 사는 추운 서식지에는 펭귄을 잡아먹는 천적들이 별로 없어서 굳이 하늘을 날 필요가 없었다는 것이다. 또 하나의 가설은 하늘을 날거나 헤엄을 칠 때 모두 날개를 사용해야 하는데 서로 기능이 달라서 두 능력 가운데 하나를 선택했다는 것이다.

영국 에버딘 대학교와 중국 과학원 공동연구팀은 2013년 두 번째 가설에 무게를 싣는 연구 결과를 발표했다. 이들은 펭귄의 친척에 해당하는 바다오리를 집중 연구했다. 바다오리는 잠수도 잘할 뿐만 아니라 펭귄과는 달리 하늘도 날아다닌다. 바다오리의 활동을 분석한 연구팀은 바다오리가 잠수할 때는 에너지 소모가 적은 데 반해 하늘을 날 때는 어마어마한 에너지를 소모한다는 사실을 밝혀냈다. 연구팀은 펭귄에게 비행은 값비싼 행동이어서 잠수에 주력해 먹이를 잡아먹으며 살다 보니 점점 날개도 작아지는 쪽으로 진화했다고 결론 내렸다.

이들의 연구 결과대로 하늘을 나는 능력을 포기하는 대신 에너지 소모가 적은 잠수 능력을 키우는 게 생존에 유리할 수도 있다. 하지만 어느 가설이 맞을지는 아직 확신할 수 없다. 펭귄이 원래는 날 수 있었는데 비행을 포기한 것인지, 아니면 원래부터 헤엄을 잘 쳤는지, 그리고 펭귄이 원래부터 추운 곳에 살았는지 대답하기 위해서는 태곳적 펭귄 화석을 찾아야 한다.

화석 펭귄은 날았을까?

펭귄 화석을 처음으로 보고한 사람은 다윈의 불독으로 일컬어졌던 토마스 헉슬리다. 1859년 토마스 헉슬리가 팔라에에우딥테스 안타르크티쿠스(*Palaeeudyptes antarcticus*)를 보고한 후 수많은 펭귄 화석들이 뉴질랜드에서 집중적으로 발견되었다. 펭귄은 골밀도가 높기 때문에 화석으로 보존될 확률이 높지만 바다로부터 높은 에너지를 받는 곳에 살다 보니 전체적인 골격 보존율은 낮다. 펭귄 화석은 거의 조각조각 발견되므로 펭귄의 진화에 대한 정보를 얻기 어려웠다.

현재 살고 있는 펭귄은 17~22종인데 (종 수가 오락가락하는 것은 종 분류학자 사이에서 의견이 분분하기 때문이다.) 모두 같은 공통조상에서 기원했다. 현재 대부분의 펭귄이 남반구에 살고 있기는 하지만 그렇다고 죄다 남극 근처에 사는 것은 아니다. 3종은 열대지방에 살며, 그 가운데 갈라파고스 제도에 사는 어떤 종은 먹이를 쫓다가 적도를 넘기도 한다. 화석으로만 남아 있는 50여 종의 분포도 마찬가지다.

지금까지 발견된 가장 오래된 펭귄 화석은 2006년 보고된 와이마누 만네링이(*Waimanu manneringi*)다. 와이마누 펭귄은 중생대의 막을 내린 다섯 번째 대멸종 직후의 신생대 제3기 초기 지층(6,200만~6,400만 년 전)에서 발견되었다. 와이마누 펭귄은 현생 펭귄 가운데 가장 큰 황제 펭귄과 몸집이 비슷했다. 앞다리가 지느러미처럼 생겼고 골밀도가 높았던 것으로 보아 이미 비행은 불가능했을 것으로 보인다. 골반과 뒷다

그밖의 동물의 역사

리 역시 현생 펭귄과 비슷한 것으로 보아 원시 펭귄들은 진화 초기부터 잠수와 수중 비행을 했을 것이다.

4,200만 년 전에는 펭귄이 열대지방을 포함한 남반구 모든 대륙으로 진출했다. 이때는 남극 대륙이 다른 대륙들과 분리되면서 남반구 해류가 변하는 시기와 일치한다. 해류가 변하면서 페루 연안으로 솟아오른 차가운 바닷물은 펭귄의 먹이 활동과 진화에 영향을 끼쳤다. 4,100만 년 이후에 등장하는 펭귄들은 모두 위팔뼈에 찬 바다에서 체온 손실을 방지하는 혈관망이 있다. 이 체온 조절 기구가 가장 오래된 펭귄인 와이마누에는 없다. 이것은 기존 정설과는 반대로 초기 펭귄류가 극지방 빙하의 성장과 상관없이 진화하였음을 보여준다.

멜라닌 색소가 알려주는 것

2007년 텍사스 오스틴 대학의 고생물학자 줄리아 클라크(Julia Clarke)가 이끄는 국제탐사팀은 페루의 태평양 해안에서 멸종된 펭귄 2종의 화석을 발견하였다. 그리고 얼마 있지 않아 예일 대학교의 고생물학자 데렉 브리그(Derek Brigg)는 화석에서 멜라노솜이라는 세포 구조를 발견했다. 멜라노솜에는 사람의 피부와 털 그리고 새의 깃털 색깔을 결정하는 멜라닌 색소가 들어 있다. 멜라노솜의 모양과 크기는 멸종한 새와 공룡의 색깔을 아는 데 실마리가 된다. 살아 있는 펭귄의 경우 멜라닌 색

가장 오래된 펭귄 화석인 와이마누의 화석(왼쪽)과 상상도.

소는 깃털의 색깔뿐만 아니라 헤엄치는 데 필요한 깃털의 강도와 탄성
도 준다.

줄리아 클라크는 1년 후인 2008년 페루에서 3,600만 년 전에 살았
던 펭귄 화석을 찾았다. 골격은 거의 완전했으며 키는 1.5미터에 달했
다. (가장 큰 현생 종인 황제펭귄의 키는 1.2미터 정도다.) 연구팀은 이 화석 펭
귄에게 인카야쿠 파라카센시스(*Inkayacu paracasensis*)라는 이름을 지어주
었다. '물의 왕'이란 뜻이다.

클라크는 당시 브릭 연구팀에 속해 있던 제이콥 빈터(Jakob Vinther, 현
브리스톨 대학교 교수)를 즉시 불렀다. 빈터 박사는 현미경 관찰을 통해
멜라노솜의 놀라운 사실을 발견했다. 현생 펭귄의 멜라노솜은 넓적한

6,200만 년 전의 와이마누 펭귄은 현생 펭귄 가운데 가장 큰 황제펭귄과 몸집이 비슷했다. 펭귄은 이미 6,000만 년 이전에 직립했으며 하늘을 날지 못했다. 하지만 물에 떠서 헤엄치는 수준이었고 잠수와 수중 비행을 하기까지는 2,000만 년 정도의 시간이 더 걸렸다.

데 반해 인카야쿠의 멜라노솜은 좁고 길었다. 멜라노솜의 형태에 따라서 색깔도 달라진다. 현생 펭귄의 바깥쪽 털은 검정이나 갈색인데 인카야쿠의 깃털은 적갈색 또는 회색으로 보인다.

멜라노솜 모양보다 더 중요한 발견은 멜라노솜의 밀도였다. 현생 펭귄의 멜라노솜 밀도는 모든 다른 새들보다 훨씬 높다. 멜라노솜의 밀도가 높을수록 깃털의 경직도가 높아져서 헤엄칠 때 깃털이 고정되는 효과가 나타난다. 이것은 펭귄이 물에 적응한 결과로 보인다. 그런데 인카야쿠 펭귄은 멜라노솜 밀도가 낮았다. 이것은 3,600만 년 전의 인카야쿠가 비록 현생 펭귄과 비슷하게 생기기는 했지만 물속을 헤엄치고 다니는 잠수부는 아니었음을 말해준다. 인카야쿠는 겨우 물의 표면에서만 헤엄치며 지냈을 것이다.

인카야쿠가 현생 펭귄으로 진화되는 과정을 밝힌다면 비행 기술의 진화 과정을 드라마틱하게 보여줄지도 모른다. 현생 펭귄은 공기보다 밀도가 800배나 높은 물속에서 날고 있는 셈이기 때문이다.

펭귄은 북극에서 살 수 있을까?

펭귄이 북반구에 없는 이유는 북반구에 살 수 없기 때문이 아니다. 단지 북반구로 진출하려면 적도 지방의 난류를 통과해야 하는데, 펭귄은 한류에 적응한 동물이어서 그 난관을 극복하지 못할 뿐이다. 아니, 굳이 극복해야 할 이유가 없다. 남반구에서 충분히 행복하게 살고 있다.

만약 인간이 펭귄을 북극 지방으로 옮겨 놓으면 펭귄은 거기서도 살 수 있을까? 못 살 이유는 없을 것이다. 하지만 수천만 년 동안이나 남반구에서 다른 생태계에 피해를 주지 않고 또 사람에게도 사랑을 받으며 잘 살았던 펭귄이 북극 지방으로 강제이주를 당한다면 그 순간부터 펭귄은 부성애의 상징이 아니라 황소개구리, 붉은귀거북, 베스처럼 환경을 파괴하는 외래종이라는 오명을 뒤집어써야 할지도 모른다. 펭귄은 그냥 남반구에 맡겨두자.

코끼리새

우리는 큰 섬에 대한 로망이 있다. 제주도, 뉴질랜드, 갈라파고스 제도, 태즈메이니아, 마다가스카르섬 같은 곳 말이다. 큰 섬은 작은 섬이나 육지와는 다른 자기만의 자연 세계가 있기 때문일 것이다. 2012년 여름 나는 면적이 한반도의 네 배나 되는 큰 섬에 있었다. 애니메이션 「마다가스카」 덕분에 여우원숭이와 바오바브나무의 천국으로 알려진 마다가스카르섬 말이다.

마다가스카르에 가면서 꼭 보고 싶은 것이 있었는데, 그것은 바로 코끼리새(*Aepyornis maximus*)였다. 코끼리새라는 이름이 붙은 까닭은 코끼리처럼 커다란 코와 귀가 있기 때문이 아니라 코끼리처럼 굵은 다리로 쿵쿵거리며 돌아다녔기 때문이다. 새라면 모름지기 가느다란 다리를 뽐내야 하는 법인데 코끼리새가 코끼리처럼 굵은 다리를 가져야 했던

까닭은 간단하다. 덩치가 컸기 때문이다. 키는 3미터나 되었고 몸무게
는 500킬로그램이나 나갔다.

　내가 코끼리새에 대해 막연한 꿈을 꾸게 만든 것은 어린 시절 TV에
서 본 만화 「신드바드의 모험」 때문이다. 신드바드가 섬에 혼자 남게
되었는데 거기서 정체불명의 커다란 알을 구경하다가 괴물 새의 다리
에 매달려 어디론가 날아가는 대목이 나온다. 만화의 원작인 『천일야
화』에는 코끼리를 채가는 거대한 새로 등장한다. 아마도 마다가스카르
섬에 들렀던 아라비아 상인이 커다란 새 이야기를 아라비아에 전했나
보다. 아라비아의 전설에서는 코끼리새가 하늘을 날아다니지만 코끼리
새는 아무리 날개를 퍼덕여도 하늘을 날지 못한다. 하늘을 날기에는 너

『천일야화』에 등장하는 코끼리새는 코끼리를 낚아채서 날아가지만 사실은 전혀 날 수 없다.

　　　　　　　　　　　　　　　　　　　그 밖의 동물의 역사

무 무겁다.

마다가스카르에 사는 코끼리새는 남아메리리카 안데스산맥과 파타고니아에 사는 레아, 아프리카에 사는 타조, 뉴질랜드에 살았던 모아와 지금도 살고 있는 키위, 오스트레일리아에 사는 에뮤와 근연종(近緣種)이다. 이런 새들은 날개가 불완전하여 날지 못한다. 대신 다리가 길고 튼튼하여 걷기나 달리기를 잘해서 주금류(走禽類)라고 부른다. 주금류는 공통조상에서 갈라져 나왔다. 그런데 어떻게 제각기 멀리 떨어진 곳에서 살면서 각기 다른 길로 진화하게 되었을까?

주금류의 분포는 우리에게 몇 가지 질문을 불러일으킨다. 첫째, 주금류는 몸집이 커져서 날지 못하게 된 것일까, 아니면 날지 못하게 된 대

코끼리새의 골격. 코끼리새는 키가 3미터, 몸무게는 500킬로그램이 넘었다.

신 몸집이 커진 것일까? 둘째, 마다가스카르, 오스트레일리아, 뉴질랜드, 남아메리카에 온 초기 주금류는 날아서 왔을까, 아니면 걸어서 왔을까?

비행은 새의 기본 옵션이 아니다

모든 새가 날아야 하는 것은 아니다. 새는 공룡이고 공룡은 날지 못한다. 공룡이 진화하여 새가 되었다기보다는 새가 바로 공룡이라는 게 현대의 학설이다. 공룡을 분류하는 방법이 여러 가지 있는데, 조류형 공룡과 비조류형 공룡으로 나눌 수도 있다. 비조류형 공룡은 중생대 말에 모두 멸종하였고, 조류형 공룡은 지금도 여전히 살아 있다. 조류형 공룡들은 대부분 비행 기술을 터득하였지만 여전히 날지 못하는 조류형 공룡들이 남아 있는데, 주금류가 바로 그들이다.

주금류는 대부분 육식 포유류가 없는 고립된 지역에 산다. 마다가스카르에는 코끼리새의 먹이인 코코넛 같은 식물은 풍부한 반면, 천적이라고는 기껏해야 악어라든지 몽구스가 진화한 포사(fossa) 정도에 불과했다. 포사는 아프리카 대륙이라면 사자 정도의 지위를 가진 동물이지만, 크기는 삵보다 크고 표범보다는 작은 정도다. 마다가스카르 고유종으로 전 세계 어디에도 유사한 동물이 없다.

섬에 사는 동물들은 몸 크기가 특징적으로 변한다. 몸이 커지든지 작아지든지 양방향 중 한쪽을 향해 거의 직선적으로 일어난다. 쥐처럼 작은 포유류는 덩치가 커지고 큰 포유류는 작아지는 경향이 있다. 이것을 '섬(island)의 법칙'이라고 한다. 섬은 포식자가 거의 없고 먹이도 풍부하여 다른 종과의 경쟁도 심하지 않다. 이런 상황에서는 설치류처럼 작은 포유류는 몸집이 커지는 쪽으로 진화하는 게 자연스럽다. 설치류는 개체수가 지나치게 많아지면 자동적으로 번식률이 줄어들어 환경에 부담을 주는 일도 없다. 그런데 큰 포유류는 다르다. 하마, 사슴, 돼지처럼 발

주금류 1,600만 년 전에 멸종한 디아트리마를 제외한 나머지 주금류는 최근 2~300년 사이에 멸종했다. ❶타조(아프리카) ❷디아트리마(북아메리카, 멸종) ❸코끼리새(마다가스카르, 멸종) ❹자이언트모아(뉴질랜드, 멸종) ❺공포새(오스트레일리아, 멸종) ❻모아(뉴질랜드, 멸종) ❼아메리카레아(남아메리카) ❽다윈레아(남아메리카) ❾뉴기니화식조(뉴기니, 오스트레일리아) ❿에뮤(오스트레일리아) ⓫도도(모리셔스, 멸종)

굽이 갈라져 있는 우제류(偶蹄類)는 개체수를 조절하지 못한다. 같은 환경에 개체수가 늘면 발육이 부진하고 결국 몸집이 작아지는 방향으로 진화한다. 섬에서는 이런 경향이 명확하게 나타나는 까닭은 유전자 풀(pool)이 원래 작고, 다른 유전자가 유입되기도 어렵기 때문이다.

코끼리새를 비롯한 주금류들도 몸집이 커지는 방향으로 나아갔다. 천적이 없는 상황에서 굳이 비행 기술을 익힐 필요가 없었다. 예외가 있다면 뉴질랜드에 살고 있는 키위다. 키위는 몸집이 작은 주제에 날지도 못해서 우리를 헷갈리게 하지만, 키위는 처음에 컸던 덩치가 진화하면서 작아진 경우다. 몸집에 비해 거대한 알의 크기가 그 증거다. 키위는 굴을 파고 야행성 생활을 했다. 육상 포유류가 없는 뉴질랜드에서 새로운 생태적 지위를 차지한 셈이다.

아프리카에서 뉴질랜드까지 걸어서

19세기까지만 해도 자연학자들은 주금류가 원래 날지 못하던 조상에서 왔을 것이라고는 상상도 못했다. "아니 저렇게 커다란 새들이 아프리카에서 뉴질랜드까지 어떻게 걸어서 갈 수 있단 말인가?" 여기에 답하지 못한다면 당연히 코끼리새와, 에뮤, 모아와 키위의 조상은 모두 날아서 그 지역에 갔어야 한다. 그리고 대략 500만~1,000만 년 전 사이에 비행 능력을 잃었을 것이라고 추측했다.

그 밖의 동물의 역사

모든 사람이 '예스'를 외칠 때 혼자 '노'라고 대답하는 것은 리스크가 큰 반면 맞을 경우 생기는 리턴도 큰 법이다. "그 많은 주금류들이 각각 비행 기술을 따로 상실했다는 것은 쉬운 일인가?"라는 질문을 한 자연학자가 있었다. 그의 이름은 앨프리드 러셀 월리스(Alfred Russel Wallace, 1823~1913). 그는 아마존강 유역과 말레이 제도를 탐사하면서 동남아시아와 오세아니아의 동물 사이에는 단절 현상이 있다는 사실을 발견하여 지도에 월리스 선(Wallace Line)을 그은 사람이다. 월리스는 동물 종의 분포와 지리학의 연관을 연구하여 '생물지리학의 아버지'로 불린다. 그뿐만 아니라 독자적으로 자연선택설을 제안하여 찰스 다윈을 당황하게 만들기도 하였다.

찰스 다윈의 『종의 기원』이 출간된 지 17년이 지난 1876년 월리스는 『동물들의 지리적 분포』에 마다가스카르, 뉴질랜드, 남아메리카, 아프리카의 주금류들이 모두 공통조상에서 유래했을 것이라고 썼다. 월리스는 주금류가 육식성 포유류가 출연하기 이전에 진화한 오래된 새로, 위험한 적의 공격에서 벗어난 지역에서만 보존되어 있는 것이라고 생각했다. 하지만 이렇게 커다란 새들이 도대체 어떻게 아프리카에서 뉴질랜드까지 걸어서 갔는지는 설명하지 못했다.

모든 의문을 풀어준 사람은 독일의 기상학자 알프레트 베게너(Alfred Wegener, 1880~1930)였다. 베게너는 1915년 『대륙과 해양의 기원』에서 '판게아'라는 초대륙이 존재하였고 약 2억 년 전에 분열한 뒤 표류하여 현재와 같은 위치와 모습이 되었다는 대륙이동설을 주장했다.

날지 못하는 주금류는 중생대에 아프리카에서 남극 대륙을 가로질러 뉴질랜드로 걸어갔다. 그것은 곤드와나 대륙의 한 점에서 다른 점으로 옮겨가는 것에 불과했다. 곤드와나 대륙은 현재의 아프리카, 마다가스카르, 인도, 오스트레일리아, 남극, 뉴질랜드, 남아메리카를 포괄하는 대륙이었다. 현재 남반구 전체 대륙이라고 보면 된다. 아프리카와 남아메리카가 분리된 9,000만 년 전에는 초기 주금류가 이미 전체 곤드와나 대륙에 퍼져 있었다.

코끼리새의 멸종 원인, 사람

같은 시기에 코끼리새의 조상도 아직 곤드와나 대륙에 속해 있던 마다가스카르에 도착했다. 곤드와나 대륙 곳곳에 살았지만 대부분은 사라졌고 섬으로 분리된 마다가스카르에만 살아남았다. 코끼리새의 조상은 아프리카 대륙에도 살았지만 초식성 포유류가 풍부해짐에 따라 육식성 포유류도 늘어났고 건조한 기후로 인해 숲이 줄고 초원이 늘면서 대륙에서 코끼리새 조상은 경쟁력을 잃었다. 다른 주금류들도 마찬가지다. 섬에만 살아남았다. 타조가 아시아와 유럽에서는 멸종했지만 아프리카에서 살아남은 것이 오히려 놀라운 일이다. 달리는 속도, 발로 차는 능력 같은 여러 가지 특성을 갖춘 덕일 것이다.

코끼리새에게 마다가스카르는 천국이었다. 하지만 기원전 350년경

서대문 자연사박물관의 새알 코너에는 붉은머리오목눈이에서 코끼리새에 이르기까지 다양한 크기의 새
알이 전시되어 있다.

1850년에 거래된 마지막 코끼리새 알.
달걀 200개와 맞먹는 크기다.

부터 위기가 찾아왔다. 뛰어난 항해술로 이스터섬, 하와이 제도 등 태평양 곳곳을 점령한 말레이어족 계열 민족이 인도양을 건너 마다가스카르에 도착한 것이다. 당연히 생태계에 재앙이 닥쳤다. 하지만 그런대로 명맥은 이을 수 있었다. 17세기 프랑스인들이 마다가스카르섬에 나타났다. 18세기가 되자 코끼리새는 한 마리도 남지 않게 되었다. 공룡과도 함께 살았고 대륙 이동도 견뎌낸 어마어마한 크기의 새가 작은 인간들 손에 사라진 것이다.

나는 마다가스카르의 수도 안타나나리보에 가면 자연사박물관에서 코끼리새의 골격을 볼 수 있을 것이라고 믿었다. 하지만 보지 못했다. 자연사박물관에 코끼리새의 골격이 없는 게 아니라 아예 자연사박물관 자체가 사라져버린 것이다. 잦은 군사쿠데타로 혼란에 빠진 가운데 어느 부패한 군사정권이 모든 전시물을 외국인에게 팔아넘겼다고 한다. (이 이야기를 전한 통역은 '뭐, 그럴 수도 있지. 놀라고 그래?'라는 표정을 지었다.)

코끼리새는 알의 크기도 당연히 거대했다. 역사상 세계에서 가장 큰 새인 코끼리새의 알은 큰 것은 지름이 30~40센티미터, 둘레가 1미터, 부피는 8리터에 이른다. 서대문 자연사박물관 1층 홀에는 붉은머리오목눈이(뱁새)에서 코끼리새의 알에 이르기까지 다양한 크기의 수십 종의 새알을 한눈에 비교할 수 있는 전시 코너가 있다. 코끼리새 알은 언뜻 보기에도 달걀 200개 정도의 크기다. 공룡 알보다도 훨씬 컸다.

코끼리새는 지구에서 사라졌다. 이제 다음 차례는 누구인가? 우리는 정녕 섬을 섬으로 남길 수는 없는 것인가?

그 밖의 동물의 역사

헬리콥트리온

어린 시절 나는 어른들에게 무던히도 속고 살았다. "어이 시원하다"라는 동네 할아버지의 탄성에 속아 뜨거운 욕탕에 뛰어들었다가 혼비백산했고, 길거리에서 파는 불량식품을 먹으면 배탈 난다는 할머니 말씀에 속아 초등학교를 졸업하기 전까지 번데기도 한 번 사 먹어보지 못했다. 중학교에 가서 불량한(?) 친구들을 사귀고서야 불량식품을 먹어도 배탈이 나지 않는다는 진실을 알게 되었다.

그런데 어른 말씀이 사실인 적이 있다. 아버지는 목재소에 가면 큰일 나니 절대로 들어가서는 안 된다고 하셨다. 하지만 목재소 담벼락을 지날 때마다 '윙' 하는 날카로운 소리가 너무 궁금했다. 과감히 들어갔다가 끔찍한 장면을 목격했다. '윙' 소리의 정체는 회전톱이었다. 가만히 한곳에서 돌고 있는 둥근톱으로 목재를 밀면 나무가 가지런히 잘렸다.

너무 무서웠다. 당시 좋아하던 TV 프로그램 「배트맨」에서 악당 조커에게 사로잡힌 배트맨이 컨베이어 벨트에 묶인 채 거대한 회전톱으로 밀려가는 장면이 생각났다. 내가 TV에서 본 가장 끔찍한 장면이다. 물론 영화에서는 최후의 순간에 로빈이 배트맨을 구해주지만 내겐 오히려 현실감이 없었다.

회전톱은 여전히 내겐 세상에서 가장 무섭고 끔찍한 장치다. 당연히 이 장치는 아름다운 자연에는 있을 리가 없고 조커 같은 나쁜 인간이나 만드는 장치로 생각했다. 하지만 인간이 가장 처음 발명해낸 장치는 거의 없다. 모든 것의 원형은 이미 자연에 있다.

둥근톱이 달린 물고기

1899년 러시아 지질학자이자 광물학자인 알렉산더 페트로비치 카르핀스키(Alexander Petrovich Karpinsky)는 카자흐스탄에서 나선형으로 배열된 톱날 화석을 발견했다. 언뜻 보기에는 암모나이트나 앵무조개의 껍데기와 닮았지만, 카르핀스키는 이 화석이 근처에서 발견된 길이 6미터의 물고기 화석의 일부분이라는 사실을 깨달았다. 그는 이 물고기에게 헬리코프리온(*Helicoprion*)이라는 이름을 붙였다. '나선형 톱'이라는 뜻이다.

하지만 대부분의 화석이 그렇듯이 이 나선형 톱이 몸체와는 따로 떨어져서 발견되었기 때문에, 도대체 이 나선형 톱이 신체의 어느 부분인지 알 수 없었다. 이럴 경우에는 현재 살고 있는 생물에서 그 답을 찾는 게 가장 합리적이다. 카르핀스키는 현생 톱가오리에서 답을 찾았다. 톱가오리의 위턱은 나무를 자르는 톱처럼 생겼다. 실제로 위턱을 몇 번 휘저으면 먹잇감이 잘게 분해된다. (우리가 알고 있는 톱상어는 대부분 톱가오리다. 톱상어는 몸통 옆에 아가미가 있고 톱날 중간에 수염이 있지만, 톱가오리는 아가미가 배 쪽에 있으며 톱날에 수염이 없다.)

카르핀스키는 헬리코프리온의 나선형 톱이 섭식 장치이며 과연 구조적으로 적합한지에 대한 확신은 없었지만, 헬리코프리온의 이빨처럼 생긴 나선이 위턱에서 이어진 주둥이의 끝이며 단단한 몸의 장식 역할을 했다고 생각하는 게 최상이라고 여겼다.

바로 이듬해에 세기가 바뀌어 20세기가 되자 전 세계의 과학자들은 다른 생각을 피력하기 시작했다. 가장 대표적인 사람은 미국의 고생물학자 찰스 로체스터 이스트먼(Charles Rochester Eastman). 이스트먼은 이 거추장스러운 장치가 얼굴에 붙어 있었을 리가 없다고 생각했다. 그는 1900년 논문에서 나선형 톱이 몸통의 등쪽 어딘가에 붙어 있으며 방어용 무기 역할을 했을 것이라고 주장했다. 이후 많은 과학자들이 여기에 동조하자, 카르핀스키조차 1902년에는 나선형 톱이 꼬리 끝에 있었을 것이라고 생각했다.

고생물학에서는 아무리 보잘것없는 화석이라도 화려하고 근사한 추론을 이길 수 있다. 1907년 나선형 톱이 얼굴 앞에 놓인 화석을 미국의 어류학자 올리버 페리 헤이(Oliver Perry Hay)가 발견하자 나선형 톱은 카르핀스키가 처음 생각했던 대로 다시 얼굴로 돌아왔다. 하지만 단 몇 개의 화석만으로 나선형 톱이 위턱인지 아래턱인지 아니면 위아래 모두 있었는지는 확실하지 않았다. 그리고 나선형 톱이 먹이를 먹는 데 쓰이는 게 아니라 방어용 무기라는 이스트먼의 주장은 여전히 공감을 얻고 있다.

학부생과 교수의 논쟁으로 시작된 연구

이때부터 거의 50년 동안 헬리코프리온에 대한 과학적 논의는 전혀 진척되지 않은 채 온갖 상상도만 난무했다. 여기에는 한 고생물학자의 무심함이 한몫했다. 남들은 한눈에 척 알아보는 중요성을 정작 발견자 자신은 눈치채지 못하고 화석을 창고에 처박아 놓는 일이 고생물학계에서는 흔하다.

덴마크 출신의 고생물학자 스벤 에리크 벤딕스-알름그렌(Svend Erik Bendix-Almgreen)은 1950년에 아이다호의 몬트필리어 인근에 있는 인(燐) 광산에서 헬리코프리온의 나선형 이빨을 발견하고 'IMNH 37899'라고 목록에 기록했지만, 16년 후인 1966년에야 이 사실을 밝혔다. 'IMNH 37899'는 심각하게 부서진 상태였지만 톱니 모양을 선명하게 남긴 이빨 117개가 지름 23센티미터의 나선에 앉혀져 있었다.

벤딕스-알름그렌은 다른 사람들과 달리 나선형 톱이 아래턱 끝에 붙어 있었을 거라고 생각했다. IMNH 37899는 특별한 화석이었다. 위턱과 두개골에서 떨어진 작은 연골 조각도 붙어 있었기 때문이다. 하지만 벤딕스-알름그렌은 여기에 특별히 주목하지 않았다. 표본이 관절에서 빠져나와 있고 심하게 부서져 있어서 헬리코프리온을 재구성하는 데는 도움이 되지 못한다고 생각했다. 그러고는 다시 30여 개의 턱 화석과 함께 박물관 수장고에 처박아두었다.

1907년 이후 50년 동안 헬리코프리온에 대한 상상도는 크게 발전하지 못했다. 과학자들은 헬리코프리온의 나선형 이빨이 입안에 혀가 있을 만한 자리 또는 목구멍 쪽으로 더 깊은 곳으로부터 시작해서 아랫입술을 지나서 턱 아래쪽을 향해 엉성하게 말려 있다고 생각했다.

2008년 아이다호 자연사박물관의 지구과학부 학예팀장이자 아이다호 대학교 지구과학과 교수인 레이프 타파닐라(Leif Tapanila)는 학부 졸업 논문을 준비하고 있는 제스 프루이트(Jesse Pruitt)와 함께 헬리코프리온 화석을 뒤지고 있었다. 프루이트는 헬리코프리온의 턱을 들추면서 질문을 쏟아냈다. 프루이트는 나선형 이빨이 살아 있을 때의 모습이라기보다는 죽은 다음에 생긴 형상이라고 생각했지만, 지도교수인 타파닐라는 살아 있을 때의 모습이라는 게 과학계의 일반적인 생각이라고 알려주었다. 학부생에 불과한 프루이트가 지도교수의 주장에 수긍하고, 또 지도교수가 학생의 생각을 무시했다면 이야기는 이렇게 끝나고 말았을 것이다.

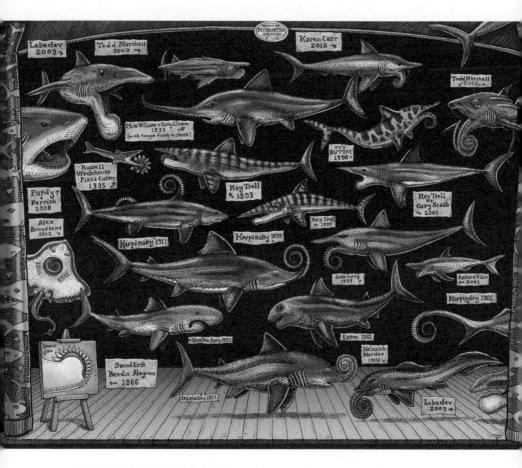

레이 트롤이 정리한 헬리코프리온의 옛 복원도.

현대 기술로 발전하는 고생물학

타파닐라와 프루이트는 세밀한 조사를 하기로 했다. 다행히 볼 수 있는 기술이 발달했다. 예전 같으면 세밀하게 조사한다고 해봐야 돋보기나 현미경을 통해 보는 것이 전부였지만 이제는 CT 스캔 기술을 사용해서 더 많은 정보를 얻을 수 있다.

타파닐라는 네 명의 과학자와 고생물학 아티스트인 레이 트롤(Ray Troll)을 연구팀에 합류시켰다. 연구팀은 텍사스 오스틴 대학교의 고해상도 엑스레이 CT 장치를 사용하여 3D 모델을 추출한 후 3D 프린터로 헬리코프리온의 턱을 복원했다.

결과는 기대 이상이었다. 결정적인 모습 두 가지가 새로 밝혀졌다. 우선 수십 년간 생각해왔던 것처럼 얼굴 앞으로 길게 튀어나온 턱은 없었다. 턱을 길게 표현한 대부분의 복원도와 달리 헬리코프리온의 나선형 이빨은 전체가 아래턱을 채우고 있었다. 턱관절은 바로 뒤에 있으며 양쪽 턱 연골이 나선형 이빨을 받쳐주고 있었다.

더 놀라운 사실은 따로 있었다. 헬리코프리온의 위턱에는 이빨이라고 할 만한 게 없었다. 이것은 이 물고기가 상어가 아님을 말해준다. 헬리코프리온은 대백상어(great white shark)나 배암상어(tiger shark)의 선조가 아닌 것이다. 헬리코프리온 두개골의 연골에는 매우 특이한 이중 연결부가 있는데 이것은 흔히 은상어라고 알려진 전두류(全頭類)의 전형적인 특징이다. 전두류는 4억 년 전에 상어에서 갈라져 나왔다. 헬리코

헬리코프리온 나선형 이빨 화석(위), 헬리코프리온 나선형 이빨 화석 IMNH 37899와 CT 촬영으로 추출한 모델을 바탕으로 제작한 3D 프린팅으로 복원한 모델(가운데).

헬리코프리온의 최종 복원도. 위
턱에는 이빨이 없다. 헬리코프리
온은 상어가 아니라 전두류에 속
한다. 중생대에 거대 해양파충류
가 등장하면서 멸종했다.

그 밖의 동물의 역사

프리온은 이빨 구조를 제외한 모든 것들이 전두류와 일치했다.

타파닐라는 헬리코프리온이 은상어 그룹의 선조 멤버였다고 생각한다. 타파닐라 연구팀은 재빨리 물고기의 가계도를 다시 그렸다. 현재 헬리코프리온은 상어에서 갈라진 전두류 가지 쪽에 배치되어 있다. 1899년 발견된 이후 상어로 알려졌던 헬리코프리온이 2013년에야 제대로 분류된 것이다.

115년 만에 헬리코프리온의 괴상한 나선형 이빨의 수수께끼가 풀렸지만, 아직도 풀리지 않은 수수께끼는 남아 있다. 헬리코프리온은 단지 한 개의 톱날만으로 어떻게 먹이를 잡아먹었을까? 타파닐라는 레이 트롤의 복원도에서 영감을 받았다. 레이 트롤은 수백 장의 복원도를 그렸다. 타파닐라는 모든 복원도의 나선형 이빨 모양이 목재소에서 사용하는 회전톱과 완벽하게 닮았다는 사실에 주목했다. 이빨이 단지 톱날처럼 생겼다는 것이 아니다. 턱을 닫으면 나선형 이빨은 회전톱날이 도는 것처럼 뒤쪽으로 향해 이동했다. 이런 방식으로 2억 7,000만 년 전 바다에 살았던 오징어를 비롯한 해양 연체동물을 먹었을 것이다.

헬리코프리온의 수수께끼는 과학과 기술 그리고 예술이 결합하여 풀었다. 그리고 어린 학부생의 끊임없는 질문이 결정적인 역할을 했다. 그렇다. 과학은 질문과 논쟁으로 시작하여 협업으로 발전한다.

아직도 의문은 남아 있다. 왜 이렇게 희한한 이빨 배열이 하필 페름기 말에, 지구 생명의 역사에 유일하게 등장했느냐는 것이다. 이 질문이 해결되지 않으면 목재소에 대한 내 악몽은 끝나지 않을지 모른다.

거북

2006년 6월 24일 전 세계 언론에는 어떤 거북의 부고가 실렸다. 1831년에 출생한 것으로 추정되는 해리엇이 23일 심장마비로 숨졌다는 것이다. 향년 176세. 해리엇은 찰스 다윈이 갈라파고스 제도를 탐사하고 돌아올 때 데려온 세 마리 거북 중 한 마리였다. 찰스 다윈은 한 해군 장교에게 거북을 맡겼는데, 그 장교가 오스트레일리아로 부임하면서 데리고 갔다. 처음에는 수컷인 줄 알고 해리라고 불렀지만 유전자 조사를 통해 암컷임을 알고 이름을 해리엇으로 바꾸었다. 해리엇은 세계 최장수 동물로 기네스북에 올라 있다.

거북이 장수하는 까닭은 등과 배에 있는 단단한 껍질이 내장과 머리를 포함한 온몸을 감싸주기 때문이다. 단단한 껍질이 있는 동물은 많지만 껍질의 구조가 거북과는 완전히 다르다. 예를 들어 게의 껍질은 피

그 밖의 동물의 역사

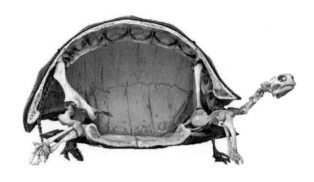

현생 거북의 종단면도. 거북의 껍질은 49~50개의 뼈가 통처럼 변형된 것이다.

부가 단단하게 변한 것이다. 게는 껍질을 바꾸기 위해 연한 몸이 단단한 껍질에서 빠져나와야만 한다. 하지만 거북의 껍질은 갈비뼈, 배갈비뼈, 척추 그리고 어깨뼈와 일부 엉덩이뼈를 포함한 49~50개의 뼈가 통처럼 변형된 것이다. 따라서 무거운 껍질 때문에 속도가 느리다고 껍질을 버리고 몸만 빠져나오는 만화영화의 장면들은 불가능한 일이다.

장점이 있으면 단점도 있는 법. 허파가 있는 동물들은 가슴을 확장시키면서 숨을 들이쉬고 가슴을 수축시키면서 숨을 내쉰다. 거북은 이게 불가능하다. 거북은 갈비뼈가 등딱지에 고정되어 있기 때문에 다른 동물과 같은 방식으로는 숨 쉴 수가 없다. 배 근육을 수축시키거나 목바닥을 진동시키는 특이한 방식으로 공기를 허파로 들이쉬어야 한다. 이런 점이 다른 동물들은 거북과 같은 껍질을 발달시키지 않은 중요한 이유일 것이다.

거북은 창조의 증거?

거북은 개체의 수명만 긴 것이 아니다. 거북류는 중생대 트라이아스기부터 지금까지 살아온 파충류의 한 분류군이다. 등딱지[背甲]와 배딱지[腹甲], 두꺼운 가죽 피부, 느린 움직임으로 거북은 다른 동물군과 쉽게 구분된다. 바다거북에게는 헤엄치기에 좋은 지느러미발이 있고, 육지 거북에게는 단단하고 짧은 다리가 있다.

거북은 흔히 '살아 있는 화석'이라고 불린다. 2억 1,000만 년 전의 거북도 오늘날의 거북과 큰 차이가 없기 때문이다. 도대체 거북의 등딱지와 배딱지가 언제 어떻게 생겼는지 알려주는 화석 증거가 나타나지 않았다. 등딱지와 배딱지는 진화론자들에게는 초기 파충류 진화에 있어서 가장 큰 수수께끼였다. 심지어 얼마 전까지 브리태니커 백과사전조차 "거북의 진화는 척추동물의 역사에서 가장 주목할 만한 사건이다. 하지만 거북이 다른 척추동물에 비해 더 잘 보존된 화석을 많이 남겼음에도 불구하고 거북의 기원을 알려주는 초기 화석은 없다"라고 말하고 있었다.

창조론자들은 거북을 창조의 강력한 근거로 주장했다. 정말로 진화가 일어났다면 초기 파충류에서 거북에 이르는 진화 경로를 보여주는 전이 형태가 쉽게 발견되어야 하는데, 그런 중간화석이 없다는 것이다. 그들의 주장은 일견 타당해 보인다. 초기 파충류에서 등딱지와 배딱지가 생기는 과정은 미묘하게가 아니라 확연한 변화를 보여야 하기 때문이다. 트라이아스기에 처음 나타난 거북은 현대 거북의 전형적인 특징을 모두 지닌 매우 발달된 형태의 거북이었음을 창조론자들은 강조한다.

그들은 또한 등껍질이 없던 동물이 등껍질을 진화시켜야 할 이유가 없다고 주장한다. 불완전한 등딱지는 보호 기능이 완전하지 못하기 때문에 장점보다는 포식자로부터 도망치는 데 성가신 방해물이 되는 단점이 더 크다는 것이다.

이런 이유로 창조론자들은 거북은 처음부터 등딱지와 배딱지 같은 거북의 독특한 특징을 완전히 갖추고 창조되었으며, 이것은 각 동물들이 종류대로 창조되었다는 성서의 말씀에 부합한다고 주장했다. 한마디로 살아 있는 화석인 거북은 진화라는 것이 애당초 없었다는 것을 말해주는 강력한 증거라는 것이다.

이렇게 서툰 논거는 자가당착에 빠지는 위험을 자초하기 마련이다. 왜냐하면 전이 과정을 보여주는 화석이 하나라도 나타나면 한번에 무너지게 되기 때문이다. 그렇게 오랫동안 나타나지 않았던 화석 증거들이 최근 10년 사이에 속속 나타나면서 거북의 진화 과정이 서서히 베일을 벗고 있다.

끊임없이 요구하는 잃어버린 고리

창조론자들이 가장 오래되었다고 주장하는 거북은 2억 1,000만 년 전에 살았던 프로가노켈리스(*Proganochelys*)다. 물론 프로가노켈리스도 현생 거북과는 달리 입 끝이 뾰족하고 이빨이 있기는 했지만 이런 소소한 차이는 없는 것으로 쳐주자. 거북에게 중요한 특징인 등딱지와 배딱지는 완벽하니 말이다.

진화론자들이 거북류의 조상동물로 거론하는 화석 생물은 2억 6,000만 년 전 고생대 페름기에 살았던 에우노토사우루스(*Eunotosaurus*)다. 에우노토사우루스는 갈비뼈 아홉 개가 넓적하게 확장되었는데, 이는 거북의 특징이다. 하지만 현생 거북에서 보이는 확장된 척추는 보이지 않는다. 등딱지와 배딱지도 없다. 에우노토사우루스는 전문화된 등딱지가 있는 현생 거북과 다른 파충류 사이의 중간 형태의 해부학적 특징을 가진 셈이다. 대부분의 과학자들은 에우노토사우루스의 발견으로 거북의 딱지가 다른 신체 구조와 마찬가지로 수백만 년에 걸친 진화를 통해 점진적으로 변형돼 형성된 것을 보여주는 증거로 받아들였다. 이제 에우노토사우루스(확장된 갈비뼈) – 프로가노켈리스(이빨) – 현생 거북(배딱지, 등딱지, 부리)이라는 연결이 확인되었다.

하지만 완고한 창조론자들에게는 택도 없는 소리였다. 그들에게 에우노토사우루스의 확장된 갈비뼈와 거북의 등딱지는 아무런 상관이 없는 것이었다. 그들은 또다른 중간화석을 요구했다.

중생대 트라이아스기에 살았던 오돈토켈리스는 배딱지만 있고 등딱지는 없다. 거북이 처음부터 현생 거북과 같은 모습으로 창조된 게 아니라는 사실을 보여준다.

마침내 2008년 중국에서 거북의 아버지라고 할 수 있는 화석이 발견되었다. 2억 2,000만 년 전 중생대 트라이아스기에 살았던 오돈토켈리스(*Odontochelys*)가 바로 그것이다. 오돈토켈리스는 배딱지는 완전히 발달했지만 등딱지는 부분적으로만 형성되었다. 오돈토켈리스는 에우노토사우루스와 현생 거북의 중간 형질을 갖는다. 배딱지가 먼저 형성되었다는 것은 매우 의미가 크다. 왜냐하면 거북류의 배아 발생 과정과 일치하기 때문이다. 거북류의 수정란이 발생할 때 항상 배딱지가 등딱지보다 먼저 형성된다. 그런데 오돈토켈리스의 뼈에는 잠수병의 흔적인 무혈성 괴사 흔적이 있다. 배딱지와 잠수병의 흔적이 말하는 것은 분명하다. 육상에서 기원한 파충류가 물로 들어갔다. 밑에서 공격하는 포식자를 막을 수 있는 배딱지는 만들었지만 아직 수중 생활에 완벽하게 적응하지 못한 것이다. 신생대까지도 나타나던 거북류의 잠수병 흔적은 현생에 들어서야 사라졌다.

거북류에서 등딱지는 훨씬 후에 발생하는데 그 시기는 공룡이 등장하는 시기와 일치한다. 등딱지는 갈비뼈와 척추 그리고 어깨뼈가 융합되어 만들어진다. 이때 어깨뼈는 어쩔 수 없이 갈비뼈 아래로 이동해야 한다. 실제로 현생 거북의 배아 발생 과정에서도 어깨뼈가 처음에는 갈비뼈 위쪽에 있다가 갈비뼈 아래로 이동한다. 오돈토켈리스의 경우 어깨뼈가 두 번째 갈비뼈에 걸쳐져 있다. 아직 등딱지는 없지만 등딱지가 생기는 중간 과정에 있는 것이다.

이젠 에우노토사우루스(확장된 갈비뼈) - 오돈토켈리스(배딱지) - 프로가노켈리스(이빨) - 현생 거북(배딱지와 등딱지, 부리)이라는 연결이 확인되었다. 그러면 이젠 창조론자들이 두 손을 들었을까? 그럴 리가 있나. 그들은 또다른 중간화석을 요구한다. 하지만 시간은 그들의 편이 아니었다.

지난 2015년 8월 25일 과학 매거진 『네이처』에는 2억 4,000만 년 전 원시 거북에 관한 논문이 실렸다. 독일과 미국 공동 연구팀은 독일 남부 벨베르크에서 몸길이 20센티미터의 원시 거북 화석을 발견하고 파포켈리스(*Pappochelys*)란 이름을 붙였다. 그리스어로 '할아버지(Pappos)' 와 '거북(chelys)'의 합성어다. 거북의 조상 에우노토사우루스와 거북의 아버지 오돈토켈리스 사이에 존재한다는 것을 암시하는 이름이다. 파

거북의 할아버지 파포켈리스. 진화학자들이 예상하는 대로 거북의 조상 에우노토사우루스와 거북의 아버지 오돈토켈리스의 중간 형태를 띠고 있다.

포켈리스는 에우노토사우루스와 오돈토켈리스의 중간 형태를 띤다. 파포켈리스는 예상한 대로 막대 모양의 뼈가 늘어선 형태의 배 구조를 갖고 있다. 이젠 에우노토사우루스(확장된 갈비뼈) - 파포켈리스(막대 모양으로 늘어서 갈비뼈) - 오돈토켈리스(배딱지) - 프로가노켈리스(이빨) - 현생 거북(배딱지와 등딱지)이라는 일련의 고리가 만들어졌다.

거북의 배딱지와 등딱지 형성은 생물에서 흔히 나타나는 대진화 현상을 보여주는 하나의 증거이면서 초기 파충류 진화의 극적인 사건이다.

창조론자 공대 교수

거북은 장수한다. 거북류는 정말로 오래된 분류군으로 남아 있고, 거북의 진화를 부인하려는 창조론자들의 노력도 참으로 오래간다. 최근 연세대학교의 한 공과대학 교수가 신입생을 대상으로 하는 창조론 강의를 개설하였다가 여론에 밀려 취소하였다. 적어도 대학에서는 전공자가 가르쳐야 한다. 우리나라 대학에 개설되어 있는 창조론 관련 강의는 상당수가 지질학자나 생물학자가 아닌 공학자와 신학자가 개설하는데, 이것은 일종의 코미디이며 학문적인 근거 없이 신앙을 강요하는 행위는 학생들에 대한 인권침해다.

동물 이름에 장수도마뱀, 장수지네, 장수하늘소처럼 앞에 '장수'가 붙는 경우가 많다. 오래 산다는 뜻이 아니라 장군처럼 크다는 뜻이다. 장수거북도 마찬가지다. 현생 거북 가운데 가장 큰 종인 장수거북은 놀랍게도 등딱지가 없다. 대신 가죽이 등을 덮고 있다. 거북의 진화에 대해서는 아직도 갈 길이 멀다. 창조론자들의 투정을 받아줄 만큼 한가하지 않다.

그 밖의 동물의 역사

해
마

위기는 한 권의 의학서에서 시작되었다. 1596년 명나라 이시진이 출간한 『본초강목(本草綱目)』이 바로 그것. 이 책은 1만 1,096종의 처방과 1,892종의 약재를 소개했는데 해마(海馬, seahorse)도 그 가운데 하나다. 책에는 해마의 효능이 구구절절 묘사되어 있다. 간단히 말해 '임신과 정력에 좋다'는 것이다.

아, 하필 여자의 임신과 남자의 정력에 좋다니……. 야생동물에게 이보다 더 큰 위험 요인은 없다. 문명이 발달하면서 위기에서 벗어날 수 있을 것 같지만 반대로 위기는 깊어지고 있다. 1997년에는 2만 마리에 불과했던 말린 해마 거래량이 2000년대에 들어서면서 매년 2,500만 마리로 급증했다. 중국 경제가 크게 발전했기 때문이다. 덕분에 해마는 멸종 위기에 처하게 되었다. 이미 여섯 종의 해마가 멸종 위기종으로

지정되었다.

『본초강목』이 출간된 지 420년이 지났지만 해마의 효능에 대한 믿음은 아직도 여전하다. 하지만 해마의 약효는 임상학적으로 증명되지 않았다. 물론 해마의 성분 중 사람 몸에 좋은 것도 있겠지만 그 영양소는 다른 음식에서도 얻을 수 있는 것이며 해마는 크기가 작아서 매우 많이 먹어야 한다. 그럼에도 불구하고 해마에 대한 인간의 욕망이 여전한 까닭은 해마의 신비로운 생김새와 생활사 때문이다.

매년 2,500만 마리 이상의 말린 해마가 한약재로 거래되고 있다. 하지만 효능은 증명되지 않았다.

임신하고 분만하는 수컷

암컷과 수컷은 어떻게 나눌까? 간단하다. 배우자의 크기다. 여기서 배우자란 난자와 정자를 말한다. 진화는 두 배우자의 크기를 극단적으로 다르게 만들었다. 하나는 커서 많은 영양분을 보유하는 대신 운동성이 없다. 이것을 난자라고 한다. 다른 하나는 작고 운동성이 있다. 대신 양분을 포기했다. 영양분과 운동성의 조합이야말로 진화의 최선의 선택이다. 커다란 난자를 제공하는 개체를 암컷이라고 하고 운동성이 있는 정자를 제공하는 개체를 수컷이라고 한다.

임신과 출산은 암컷의 중요한 기능이다. 물론 알과 새끼를 보살피는 수컷은 많다. 하지만 수컷이 임신을 하고 출산까지 하는 동물은 지구에서 해마가 유일하다. 해마 수컷은 육아주머니 안에서 알을 부화시켜서 새끼를 출산한다. 그렇다면 이것이 수컷이 아니라 암컷 아니냐고? 다시 말하지만 운동성이 있는 작은 배우자, 즉 정자를 내놓은 것을 수컷이라고 한다. 해마 수컷은 분명히 정자를 내놓지만 육아주머니 안에서 알을 키워 새끼를 배출하는 역할도 하는 것이다.

해마는 짝짓기 전에 나란히 수영하기, 색깔 바꾸기, 같은 해초에 꼬리 휘감기 등의 구애 행동을 한다. 구애 행동이 끝나면 수컷은 육아주머니에 물을 넣어서 잔뜩 부풀려 암컷에게 보여준다. 알을 받을 준비가 되어 있다는 뜻이다.

번식을 위해 암컷과 수컷은 배를 맞춘다. 암컷은 산란관의 방향을 잘

조정하여 수컷의 육아주머니에 알을 밀어 넣는다. 이 과정이 6초 정도 걸린다. 그런데 해마 수컷의 정액관은 배주머니 밖에 있어서 다른 물고기처럼 정액을 물속으로 분사한다. 수컷은 몸 밖으로 나간 정액을 재빨리 육아주머니 안으로 빨아들인다. 부화 기간은 2~4주다. 수컷의 분만은 몇 분 안에 끝날 수도 있고 며칠이 걸리기도 한다.

해마는 일부일처제를 유지한다. 암컷이 수컷 바로 곁에서 지키고 있다. 분만을 끝낸 수컷은 즉시 새로 알을 받을 수 있다. 해마 수컷은 늘 임신 중이다. 죽기 전까지 15차례 정도 임신과 분만을 반복한다.

수컷의 육아주머니에서 쏟아져 나온 새끼들은 투명하지만 완전한 해마의 모습이다. 태어난 후 석 달이 지나면 암수를 구분할 수 있다. 육아주머니가 있으면 수컷이다. 다시 석 달이 지나면 성적으로 성숙하여 번식할 수 있다.

헤엄치지 못하는 물고기

해마의 얼굴과 목을 보면 정말 말처럼 생겼다. 헤엄치는 데 필수적인 배지느러미와 꼬리지느러미도 없다. 하지만 해마는 물고기다. 그것도 명태, 고등어와 같은 경골어류로 분류된다. 대부분의 물고기는 경골어류이며 2만 8,000종 이상이 존재한다. 지구의 모든 척추동물 가운데 가장 큰 무리가 경골어류다.

그 밖의 동물의 역사

짝짓기 중인 해마.
암컷(왼쪽)이 수컷의 육아주머니에
알을 넣고 있다.
해마는 지구에서 유일하게 수컷이
임신과 분만을 담당하는 동물이다.

해마

해마는 온몸이 단단한 골판(骨板)으로 덮여 있지만 몸 안에 척추가 꼬리까지 이어져 있다. 경골어류에게는 부레가 있다. 부레는 물 위로 떠오르지도 않고 바닥에 가라앉지도 않는 중성 부력을 만들어준다. 해마 역시 부레 안에 있는 공기 양을 조절하면서 위로 떠오르거나 아래로 내려갈 수 있다. 꼬리지느러미와 배지느러미가 없으니 당연히 헤엄을 칠 수 없다. 다만 옆에 달린 지느러미로 방향을 잡으면서 작은 등지느러미 하나로 추진력을 얻어 느린 속도로 움직일 뿐인데 1분에 기껏해야 20센티미터 정도 이동할 수 있다.

이렇게 느린 물고기가 어떻게 먹고살 수 있을까? 지느러미가 없는 대신 뛰어난 눈과 입이 있다. 해마는 시력이 아주 좋다. 다른 물고기보다 훨씬 뛰어나고 사람보다 더 많은 색깔을 구분한다. 게다가 카멜레온처럼 두 눈이 따로 움직인다. 한쪽 눈으로 앞에 있는 먹이를 찾으면서 다른 눈으로는 뒤를 살펴볼 수 있다. 골질로 되어 있는 주둥이에는 이빨은 없지만 자기 앞을 지나가는 갑각류를 재빨리 빨아들일 수 있다. 하루에 약 50마리의 새우를 먹어치운다.

느린 물고기는 포식자에게서 도망칠 수 없다. 도망칠 수 없으면 숨어야 한다. 해마들은 해초와 산호 속에 숨는다. 얼룩무늬의 피부와 해초처럼 생긴 신체 부위 그리고 환경에 따라 바뀌는 피부 색깔로 위장한다.

그 밖의 동물의 역사

해마의 진화와 분포

창조과학자들은 해마는 진화된 것이 아니라 디자인된 것이 분명하다고 주장한다. 이런 주장의 근거로 그들은 "해마의 화석은 알려진 것이 없다"고 말한다. 하지만 해마의 화석이 없다고 해서 해마가 창조되었다고 주장할 근거가 되는 것은 아니다. 게다가 해마 화석은 많다. 심지어 해마의 화석만 모아놓은 책도 있다.

해마는 큰가시고기목(目) 실고기과(科)에 속한다. 실고기는 우리가 맛있게 먹는 양미리와 가까운 친척이다. 실고기과 물고기 가운데 해마와 가장 가까운 동물은 오스트레일리아의 피그미해마다. 물론 그렇다고 해서 해마가 오스트레일리아에서 처음 생겨났다고 말할 수는 없다.

그런데 해마가 어디에서 처음 생겼든지 간에 도대체 헤엄도 치지 못하는 해마가 어떻게 전 세계 해양으로 진출할 수 있었을까? 알이 조류와 해류를 타고 전 세계 바다로 진출했을 가능성은 낮다. 왜냐하면 해마는 알을 몸 바깥에 흘리는 동물이 아니기 때문이다. 완전한 모양을 갖추고 태어난 해마는 모두 출생지 부근에서 평생 산다.

답은 아마도 무임승차일 것이다. 해마가 꼬리로 감아쥔 해초가 바닥에서 떠올라 표류한다면 해마는 전 세계 어딘든 갈 수 있다. 이때 해초가 덤불 형태라면 장거리 이동 중에도 그 안에서 생존할 수 있다. 수많은 작은 동물들이 해초 덤불 속에 살고 있기 때문이다. 넓은 바다를 떠돌던 해초 덤불이 어느 해안가 얕은 바다에 정착하면 거기가 새로운 고향인 것이다.

해마는 꼬리 덕분에 전 세계에 분포하게 되었다. 그런데 해마의 꼬리
역시 단단한 골판으로 덮여 있다. 해마는 이런 단단한 꼬리를 어떻게 유
연하게 움직일까? 공학자들은 해마의 꼬리를 응용하여 비보이가 입고
브레이크댄스를 출 수 있을 정도로 유연한 방탄복을 만들고 싶어 한다.

인터넷에 해마 사진이라고 떠돌아다니는 것 가운데 상당수는 해마
가 아니라 해룡(sea dragon)이다. 해룡 역시 실고기과 물고기이고 수컷이
알을 품고 다니지만 육아주머니는 없다. 대신 알을 꼬리에 붙이고 다닌
다. 해마는 서 있지만 해룡은 흐느적거리면서 헤엄치며 꼬리로 해초를

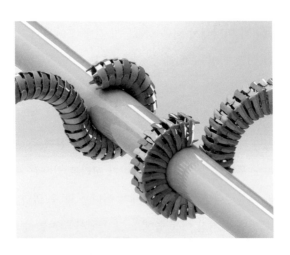

공학자들은 단단한 골판으로 덮여 있지만 유연하게 감을 수 있는
해마의 꼬리를 로봇에 응용하는 연구를 하고 있다.

해룡은 해마와 마찬가지로 실고기과 물고기이지만 육아주머니가 없고 꼬리를 감지 못한다.

감아쥐지 못한다. 해룡은 해마보다 더 신비롭게 생겼지만 아직은 안전한 상태다. 이유는 한 가지다. 오스트레일리아 바다에만 살기 때문이다. 오스트레일리아는 중국에서 너무 멀다. 덕분에 한약재가 되는 불행에 아직 빠지지 않았다. 해마든 해룡이든 임신과 정력에 아무런 도움이 되지 않는다. 제발 그냥 내버려두자.

해마가
빠른 속도로
진화한 비결

최초의 경골어류의 화석은 4억 2,000만 년 전의 것이다. 하지만 가장 오래된 해마 화석은 불과 1,300만 년 되었다. 과학자들은 해마가 약 1,650만 년 전에 등장했을 것으로 계산한다. 그렇다면 해마는 아주 짧은 시간 동안에 여러 가지 특이한 형질을 얻은 셈이다. 여기에는 어떤 비결이 있었을까? 독일 콘스탄츠 대학교의 악셀 마이어 교수가 이끄는 다국적 연구팀은 2016년 12월 14일 과학 매거진 『네이처』에 그 비결을 밝힌 논문을 발표하였다.

첫 번째 비결은 유전자를 잃어버린 것이다. 사람과 물고기에게는 이빨의 발달에 필요한 유전자가 여러 개 있다. 해마는 그 유전자를 모두 버렸다. 폭풍 흡입 방식으로 먹이를 섭취하는 데는 이빨이 필요 없기 때문이다. 해마는 후각 유전자도 대부분 버렸다. 뛰어난 시각에 의존해서 사냥을 하므로 후각이 필요 없기 때문이다. 배지느러미가 없는 것도 마찬가지다. 배지느러미 형성에 필요한 tbx4 유전자를 버렸다.

두 번째 비결은 유전자를 중복 소유하는 것이다. 유전자 복사본은 원본과는 전혀 다른 기능을 수행할 수 있다. 유전자 중복으로 발생한 새로운 유전자는 수컷의 육아주머니에서 배아의 발달을 조절한다. 부화가 끝나고 나면 다른 유전자가

그 밖의 동물의 역사

추가로 활성화되어 새끼들을 육아주머니에서 쏟아낸다.

유전자에는 스위치 역할을 하는 부분이 있다. 이 부분은 진화 과정에서 거의 변하지 않는 게 상례다. 그런데 해마에서는 상당 부분의 스위치가 사라졌다. 특히 골격 발달에 관여하는 스위치가 사라졌다. 그 결과 해마의 골격은 다른 물고기와 다르게 변했다. 한편으로는 갈비뼈가 없는 대신 전신이 골판으로 둘러싸여 포식자의 공격에서 자신을 보호할 수 있게 되었다. 또 둥글게 말리는 꼬리로 해초나 산호를 붙잡고 부동자세를 취할 수 있어서 먹이와 포식자를 속일 수 있다.

이번 연구는 유전자의 변화가 독특한 형질의 진화에 기여한다는 사실을 증명하는 대표적인 사례라고 할 수 있다.

뱀장어

바다라고 하면 무릇 해안선이 있기 마련이다. 그런데 지구에는 해안선이 없는 바다가 하나 있다. 사르가소해(Sargasso Sea)가 바로 그것. 사르가소해는 동서로 3,200킬로미터, 남북으로 1,100킬로미터나 되는 거대한 바다인데 해안선 대신 북대서양 중앙부를 흐르는 해류로 둘러싸여 있다. 북쪽에는 북대서양 해류, 동쪽에는 카나리아 해류, 남쪽에는 북적도 해류, 그리고 서쪽에는 멕시코 만류가 흐르고 있다.

사르가소해는 조해(藻海)라고 표기하기도 한다. 모자반을 비롯한 다양한 해조류와 작은 생물이 가득 차 있기 때문이다. 매년 북아메리카와 유럽의 강에서 살던 뱀장어들이 이곳으로 몰려든다. 사르가소해에 도착한 뱀장어들은 주저하지 않고 400~700미터 깊이까지 내려가서 알을 낳고 정액을 뿌린다. 그렇다. 바다에서 살다가 고향 강으로 올라와

그 밖의 동물의 역사

번식하는 연어와는 반대로 뱀장어는 강에서 살다가 고향 바다에 와서 산란하는 것이다. 연어와 마찬가지로 뱀장어도 새끼를 보지 못하고 숨을 거둔다.

알에서 깨어난 새끼들은 멕시코 만류를 타고 북쪽으로 이동한다. 미국 북동부에 이른 뱀장어들은 절반은 북아메리카 대륙의 강을 타고 서쪽으로 이동하여 오대호에 이른다. 자신의 부모들이 살았던 곳이다. 나머지 절반은 멕시코 만류를 타고 계속 이동하여 유럽 해안에 도착한다.

뱀장어 생활사

뱀장어는 생활사가 매우 복잡하고 그에 따른 생김새가 제각각이다. 알에서 깨어난 새끼는 투명한 대나무 잎처럼 생겼다고 해서 댓잎뱀장어라고 한다. 유럽 사람들은 버들잎을 닮았다는 뜻으로 렙토세팔루스(*leptocephalus*)라고 한다. 댓잎뱀장어는 사르가소해에서 유럽 해안에 이를 때까지는 멕시코 만류를 타고 오기 때문에 이렇다 할 헤엄 장비가 필요없다. 스스로 헤엄치지 못하는 댓잎뱀장어는 몸길이가 7~8센티미터 정도다.

멕시코 만류의 도움이 끝나는 지점에 도달하면 몸이 변한다. 몸길이가 5~6센티미터로 약간 줄어들면서 가늘어지고 가슴지느러미가 커진다. 대륙 가까이에 이르면 댓잎뱀장어는 실뱀장어가 된다. 유럽에서는

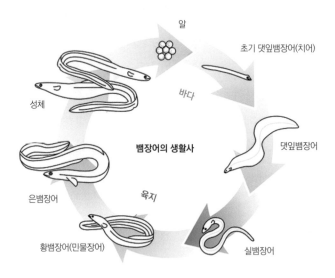

알

초기 댓잎뱀장어(치어)

바다

성체

뱀장어의 생활사

댓잎뱀장어

은뱀장어

육지

황뱀장어(민물장어)

실뱀장어

강에서 태어나 바다에서 성장하는 연어와는 반대로 뱀장어는 바다에서 태어나 강에서 성장한다.

유리처럼 투명하다고 해서 유리뱀장어(glass eel)라고 한다. 생김새가 하도 달라서 예전에는 댓잎뱀장어와 실뱀장어를 다른 종으로 착각했다. 먹는 것을 멈춘 뱀장어들은 영국, 프랑스뿐만 아니라 북쪽으로는 아이슬란드와 노르웨이 그리고 남쪽으로는 모로코와 발트해에 이르기까지 폭넓게 서식지를 찾아간다. 이들은 몸이 투명하기 때문에 포식자들의 눈을 피할 수 있다.

실뱀장어는 석 달에 걸쳐 강을 거슬러 올라가 자신의 부모가 살던 곳에 도착한다. 이때부터 실뱀장어 몸에 색소가 형성되기 시작한다. 실뱀장어는 색깔이 진해지는 정도에 따라 흰실뱀장어, 흑실뱀장어로 나뉜다. 실뱀장어는 암수를 구분할 수 없다. 암수는 몸길이가 35센티미터까지 자라는 두 살 무렵에야 구분 가능하다.

실뱀장어가 6년쯤 살면 배 부분이 노란색을 띠는 황뱀장어가 된다. 유럽에서도 마찬가지로 노란뱀장어(yellow eel)이라고 부른다. 이 황뱀장어가 사람들이 먹는 그 민물장어다.

황뱀장어는 가을이 되면 산란을 위해 바다로 떠난다. 그런데 강과 바다는 환경이 달라도 너무 다르다. 성급하게 나섰다가는 큰일 난다. 강하구에서 두세 달 동안 바닷물에 적응하는 연습을 한다. 이때는 아무것도 먹지 않는다. 아마 먹지 못한다는 게 옳은 표현일 것이다. 그만큼 바다는 적응하기 쉽지 않은 새로운 환경이다. 그사이에 몸은 노란색에서 은색으로 변한다. 은뱀장어(silver eel)는 눈과 지느러미가 유난히 커진다. 겨울이 되어 찬바람이 불면 비로소 은뱀장어는 고향을 향해 본격적인 여행을 시작한다.

5~6,000킬로미터 떨어진 사르가소해까지 이동하는 6개월 동안 뱀장어는 아무것도 먹지 않는다. 위와 장은 퇴화해서 거의 사라지고 그 자리를 생식소가 채운다. 자기 몸을 헐고 그 자리에 알과 정소를 채우는 것이다. 산란장에 도착할 무렵이 되면 커다란 눈과 생식소 그리고 꼬리만 남는다. 산란장을 찾기 위한 눈과 그곳으로 헤엄치기 위한 꼬리만큼은 포기하지 못하는 것이다. 달도 없는 캄캄한 그믐밤에 암컷과 수컷이 떼로 모여 산란을 한다. 그리고 죽는다. 마치 알을 낳은 연어들이

죽는 것처럼 말이다. 생명의 지고지순한 목적인 번식에 자신의 모든 것을 바친 것이다.

아메리카뱀장어와 유럽뱀장어

뱀장어들은 자기가 살던 강에서 짝짓기를 하는 쉬운 길을 놔두고 굳이 대서양 건너편까지 수천 킬로미터를 헤엄쳐 이동한다. 그런데 사르가소해는 유럽뱀장어만의 텃밭이 아니다. 유럽뱀장어뿐만 아니라 아메리카뱀장어도 여기에 와서 번식한다. 두 종의 짝짓기 영역이 겹치는 것이다. 유럽뱀장어와 아메리카뱀장어가 독립적으로 등장하게 된 과정은 오랫동안 베일에 쌓여 있었다. 무수히 많은 과학자들이 유럽과 아메리카 대륙으로부터 사르가소해 사이를 이동하면서 뱀장어의 생활사를 추적하였지만 실마리를 찾지 못했다.

뱀장어의 진화와 생활사에 관심을 가진 과학자들에게 지원이 따랐다. 산업적인 이유가 분명했기 때문이다. '뱀장어는 자연계에서 극단적인 생활사를 겪는데 우리는 아직도 거기에 대해 잘 모르고 있다. 만약 우리가 뱀장어의 생활사를 잘 안다면 시장에 뱀장어 공급을 늘릴 수 있을 것이다'라는 게 지원의 이유였다. 덴마크 오르후스(Arhus) 대학교의 미카엘 뮐러 한센(Michael Møller Hansen) 교수 연구팀에 스페인과 캐나다 과학자들이 합류하여 국제적인 연구가 시작되었다.

그 밖의 동물의 역사

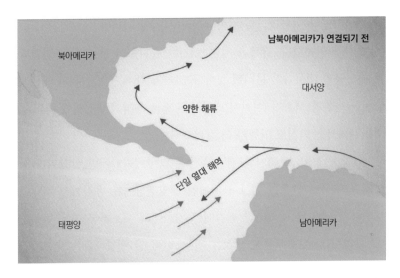

남북아메리카가 연결되기 전

북아메리카

대서양

약한 해류

단일 열대 해역

태평양

남아메리카

파마나지협이 생겨서 태평양과 대서양이 분리되기 전까지는 멕시코 만류의 힘이 약했다. 그때는 사르가소해에서 부화한 뱀장어가 유럽까지 이동하지 못했다.

한센 연구팀은 뱀장어 미토콘드리아 유전체(게놈)를 분석하였다. 세포 안에서 발전소 역할을 하는 미토콘드리아는 정자에는 없으며 오로지 난자에만 있다. 따라서 모든 동물의 미토콘드리아 유전체는 모계를 통해서만 후손에게 전달되는 것이다. 연구팀은 유럽뱀장어와 아메리카뱀장어를 각각 50마리씩 분석하여 그들의 미토콘드리아 DNA를 비교하였다. 그 결과 두 종의 뱀장어가 340만 년 전에는 같은 종이었다는 사실을 발견하였다.

340만 년 전에 무슨 일이 있었기에 지금도 여전히 같은 사르가소해에서 번식하는 두 종의 뱀장어가 서로 갈라져야 했던 것일까? 340만 년 전이라면 북아메리카와 남아메리카 사이에 파나마 육교가 등장했던 시기와 일치한다. 잘록한 지협(地峽)이 융기하여 두 대륙이 연결되자 태평양과 대서양이 분리된 것이다. 그러자 각 대양의 기후와 해류에 중대한 변화가 생겼다. 여기서 태평양은 지금 우리의 관심사가 아니다. 대서양에서는 멕시코 만류가 더 강력해졌다.

340만 년 전의 오리지널 뱀장어 종은 북아메리카에만 살았지만 강력해진 멕시코 만류는 뱀장어 치어인 댓잎뱀장어를 유럽까지 떠내려 보냈다. 유럽으로 떠밀려간 뱀장어는 거기에서 새로운 군집을 형성했다. 환경이 다르면 생물도 변하는 법. 유럽에 간 뱀장어들은 오리지널 아메키라뱀장어와는 다른 진화 압력을 받고 유럽뱀장어로 독립하였다. 그 후 250만 년 전에 찾아온 빙하기는 두 종 사이의 차이를 더욱 크게 벌려놓아 진화의 방향을 틀어놓았다.

2015년 한센 연구팀의 연구 결과가 발표되자 얼마 있지 않아 다른 연구팀은 아메리카뱀장어와 유럽뱀장어를 구분해주는 유전자 표지를 30만 개 이상 찾아내었다. 두 뱀장어의 유전체는 거의 같았다. 특정한 영역에서만 차이가 있는데 이것들은 성장과 물질대사에 영향을 끼치는 것들이다. 아메리카뱀장어는 단지 6~9개월만 치어 상태인 댓잎뱀장어와 실뱀장어 단계를 거치는 데 반해 유럽뱀장어는 이 시기가 몇 년이나 지속된다. 아메리카뱀장어 치어는 멕시코 만류를 따라 북아메리카 연안까지 불과 1,500킬로미터만 이동하면 되는데, 유럽뱀장어는 5,000킬로미터 이상을 여행해야 하기 때문이다. 여행 길이에 따라서

그 밖의 동물의 역사

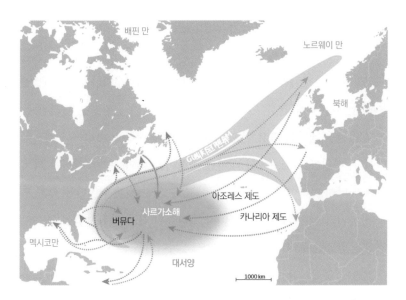

아메리카뱀장어는 사르가소해에서 불과 1,500킬로미터만 이동하면 연안에 도착하지만 유럽뱀장어는 무려 5,000킬로미터를 이동해야 한다. 어린 뱀장어 시절의 기간이 다르므로 다른 진화 압력을 받아 다른 종이 되었다.

물질대사의 변화가 필요했고 결국 다른 진화 방향을 택한 것이다.

유럽에 도달하는 뱀장어 치어의 수는 매년 줄어들고 있다. 1980년대와 비교하면 단 2퍼센트에 불과하다. 국제자연보호연맹(IUCN)은 유럽뱀장어를 야생에서 절멸할 가능성이 대단히 높음을 알려주는 위급(Critically Endangered)으로, 그리고 아메리카뱀장어는 그보다 한 단계 낮은 위기(Endangered) 단계로 분류하고 있다.

뱀장어 완전양식에 성공한 우리나라

그렇다면 우리나라 뱀장어의 생활사는 어떨까? 우리나라와 중국, 일본에 서식하는 뱀장어는 동북아뱀장어다. 이들의 산란장은 필리핀 동쪽에 있는 세계에서 가장 깊은 마리아나 해구 북쪽의 마리아나 해저산맥이다. 마리아나 해구에서 태어난 뱀장어 치어가 우리나라까지 와서 살다가 다시 마리아나 해구까지 돌아갈 수 있는 것은 뛰어난 감각과 본능이 아니라 해류 덕분이다. 따라사 엘리뇨와 같은 기후 변화로 해류가 영향을 받으면 우리나라 연안가로 오는 치어의 수는 줄어들게 된다.

뱀장어 양식이란 뱀장어 치어인 실뱀장어를 잡아다가 키우는 것이다. 실뱀장어 가격은 1980년대 중반까지만 해도 킬로그램당 수십만 원에 불과했지만 1997년에는 1,400만 원까지 치솟아 당시 1,200만 원이던 금값보다도 비쌌다. 2014년의 실뱀장어 값은 무려 4,000만 원. 가격도 가격이지만 수요량을 당할 수가 없다. 우리나라 실뱀장어 수요량은 매년 15톤 정도이지만 국내 채집량은 2톤에도 미치지 못한다. 예전에는 유럽에서 실뱀장어를 수입하기도 했으나 이제는 '국제 야생동식물 멸종위기종 거래에 관한 조약(CITES)'에 따라 유럽뱀장어의 실뱀장어는 국제 거래가 금지되어 있다.

지난 2016년 6월 16일 국립수산과학원은 우리나라가 일본에 이어 전 세계에서 두 번째로 뱀장어 완전양식에 성공했다고 발표했다. 완전양식이란 실뱀장어에서 양식을 시작하는 것이 아니라, 어미에게서 알을 얻고 실뱀장어를 부화시킨 다음 어미로 성장시키고 거기서 다시 알과 실뱀장어를 얻어냈다는 것을 말한다. 하지만 아직 산업화하기에는 멀었다. 이미 10년 전에 완전양식에 성공한 일본에서도 그것은 실험실의 성과일 뿐 상업적인 생산에는 이르지 못하고 있다.

오랜 세월 동안 뱀장어 연구에 몰두한 국립수산과학관의 김대중 박사 연구팀에 경의를 표한다.

5부

환경과 적응

백
악
기

카오스(혼돈)로부터 가이아(대지)가 태어나고 다시 가이아로부터 우라노스(하늘)와 폰토스(바다)가 탄생함으로써 혼돈의 시대가 끝나고, 땅과 하늘과 바다가 지배하는 새로운 세상이 탄생하였다. 하지만 태초의 하늘은 자신의 어미인 대지와 분리되어 있지 않았다. 땅과 딱 붙어 있었으며 그 사이에는 어떤 공간도 존재하지 않았다.

우라노스는 끊임없이 가이아에게 정기를 흘려보냈다. 가엾은 가이아는 끊임없이 잉태하고, 고통 속에서 열두 명의 거인족 티탄을 낳았다. 티탄은 태어나기는 했지만 세상 밖으로 나오지 못하고 어머니 가이아의 배 속에 갇혀 있는 묘한 상태에 처해 있었다. 아버지 우라노스가 가이아를 덮고 있어서 빛의 세계로 빠져나올 공간이 없었던 것이다.

우라노스의 욕정은 식을 줄을 몰랐다. 그러던 중 키클롭스 삼형제와

낫을 든 크로노스. 크로노스가 낫으로 아버지 우라노스의 남근을 베어내자 땅과 하늘 사이에 신과 생명이 살 공간이 생겨났다.

헤카톤케이레스 삼형제라는 괴물이 태어나자 마침내 가이아는 더 이상 참지 못하고 우라노스를 제거하기 위해 자신이 품고 있던 철을 이용하여 낫을 만들었다. 형들이 겁에 질려 있을 때 티탄 족의 막내 크로노스(시간)가 나섰다. 욕정에 한껏 부푼 우라노스의 기둥이 가이아에게 다가올 때 크로노스는 품고 있던 낫으로 베어버렸다. 우라노스는 고통에 겨워 세상의 가장 높은 곳으로 올라가서 더 이상 땅으로 내려오지 못했다. 이제야 비로소 진정한 하늘이 된 것이다. 우라노스와 가이아 사이가 멀어지면서 드디어 신들과 생명들이 활개를 치고 살 공간이 생겨났다.

우라노스는 쫓겨나면서 크로노스에게 "너도 너의 아들에게 이렇게 쫓겨나게 될 것이다"라고 저주를 퍼부었다. 불안해진 크로노스는 아내 레아에게서 자식이 태어나는 족족 삼켜버렸다. 마지막 아들 제우스가 태어났을 때 레아는 가이아의 도움을 받아 크레타의 한 동굴에 아이를

자식을 잡아먹는 크로노스.
우라노스의 저주에 겁을 먹은 크로노스는 아들이 태어나는 족족 잡아먹었다.

환경과 적응

숨긴다. 이렇게 하여 제우스를 중심으로 엮인 그리스 신화가 시작된다.

제우스를 숨겼던 크레타섬은 지중해에 있다. 눈이 시리도록 파란 하늘과 푸른 바다를 배경으로 하얀 집들이 그림 같은 풍경을 그려낸다. 그리스 신전 역시 하얀 대리석으로 지어졌다. 크레타라는 이름은 백악(白堊, chalk)이라는 뜻이다. 플랑크톤인 유공충과 조개껍데기 등이 쌓여서 된 암석으로 가볍고 연한 것이 특징이며 주성분은 칼슘이다. 그런데 이 많은 백악은 다 어디에서 왔을까?

크레타섬의 백악 지층에는 1,000여 개의 해안 동굴이 있다. 레아가 막내 아들 제우스를 동굴에 숨겨 살림으로써 그리스 신화가 본격적으로 시작된다.

칼슘이 이산화탄소를 만났을 때

지구 지각을 구성하는 원소 중 양이 가장 많은 것은 산소다. 산소 – 규소 – 알루미늄 – 철 – 칼슘 순서로 많이 존재한다. 그러니까 칼슘은 지각에서 다섯 번째로 많은 원소다. 당연히 38억 년 전 초기 바다에도 엄청나게 많이 녹아 있었다. 최초의 생명은 수많은 칼슘 이온이 떠 있는 바닷속에서 살았다. 당연히 세포 안에도 칼슘 이온이 많았다. 생명은 칼슘을 굳이 제거하려 들지 않았다. 칼슘이 있다고 해서 딱히 좋을 것도 없지만 칼슘을 제거하느라 에너지를 쓸 이유가 없기 때문이었다.

그런데 35억 년 전 광합성을 하는 시아노박테리아들이 등장하고, 25억 년 전부터 바다에 산소의 농도가 급격히 높아지기 시작하자 생명들은 위기에 빠졌다. 산소가 독으로 작용한 것이다. 하지만 진화의 역사에서는 늘 그렇듯이 새로운 환경에 적응하는 새로운 생명이 등장하기 마련이다. 산소 환경에 적응하여 산소 호흡을 하는 생명들이 등장하면서 칼슘에 얽힌 이야기는 달라지기 시작했다. 산소를 사용하자 세포가 사용하는 생활에너지(ATP)의 생산이 급격하게 늘었다. 산소 없이 호흡하던 생명들은 포도당 분자 하나를 분해해서 2ATP를 생산할 수 있는 데 반해, 산소로 호흡하는 생명들은 포도당 분자 하나를 태워서 34ATP를 생산했다. 에너지 효율이 17배나 높아졌다. 에너지 생산성이 높은 생명들은 더 많은 자손을 남기면서 점점 더 늘어났다.

세포나 자동차나 똑같다. 자동차가 기름을 산소로 태워서 추진력을

환경과 적응

얻을 때 부산물로 이산화탄소를 배출하듯이, 세포도 포도당을 산소로 태워서 생활에너지를 얻을 때 이산화탄소를 배출한다. 바다에 살고 있는 생명들이 배출한 이산화탄소는 바다에 떠다니던 칼슘 이온과 결합했다. 그 결과가 바로 탄산칼슘이다. 탄산칼슘은 물에 잘 녹지 않고 자기들끼리 엉겨서 바닥에 가라앉는다. 퇴적된 탄산칼슘은 암석을 형성한다. 백악, 석회석, 대리석의 주성분이 탄산칼슘이다. 석회암 동굴의 종유석과 석순도 탄산칼슘의 침전으로 생성된 것이다.

바다에 녹아 있던 칼슘이온이 줄어들고 탄산칼슘 암석이 늘어나는 것은 생명들에게 아무런 상관이 없었다. 그런데 문제는 세포 안에도 이미 많은 칼슘 이온이 있다는 것이다. 세포가 산소 호흡을 하는 동안 발생한 이산화탄소가 세포 안의 칼슘과 반응하여 탄산칼슘이 생겼고 이것들이 서로 엉겼다. 단단한 탄산칼슘 때문에 세포는 뻣뻣해지면서 유연성을 잃었다. 활동성이 떨어졌을 뿐만 아니라 세포막을 사이에 두고 외부와 분자 교환도 어려워졌다. 환경과의 소통이 막힌 것이다. 결국 산소 호흡은 에너지 효율은 높였지만 생명의 지속가능성은 떨어뜨린 셈이 되었다. 그렇다면 생명들은 다시 무산소 호흡으로 돌아갔을까?

새로운 환경에는 새로운 생명이 등장한다는 법칙은 어김이 없다. 고에너지 효율의 단맛을 본 생명은 산소 호흡을 포기하는 대신 어떻게든 탄산칼슘을 처리할 방법을 찾았다. 생명은 생성된 탄산칼슘을 한곳에 모았다가 적당한 크기가 되면 약간의 에너지를 사용하여 세포 밖으로 내다버리는 전략을 세웠다.

해로운 부산물을 몸 밖으로 버리는 것은 꽤 좋은 전략이기는 하지만 최선의 전략은 아니다. 최선의 전략은 부산물마저 자기를 위해 이용하는 것이다. 25억 년 전 시아노박테리아는 새로운 방식으로 탄산칼슘을 사용하기 시작했다. 시아노박테리아는 35억 년 전에도 있었고 지금도 전 세계 바다와 민물에 살고 있는 광합성 미생물이다. 시아노박테리아는 탄산칼슘으로 세포와 세포 사이를 연결하여 군체를 형성했다. 군체는 하루에 한 겹씩 늘어났다. 안쪽에는 죽은 세포들이 쌓이는 동안 바깥쪽에는 새로운 세포들이 태어나서 광합성을 이어갔다. 이것을 스트로마톨라이트(Stromatolite)라고 한다. 서대문 자연사박물관에 가면 소청도에서 채취한 10억 년 전 시생대 스트로마톨라이트를 볼 수 있고 영월에서 채취한 1억 년 전 중생대 백악기 스트로마톨라이트는 만져볼 수도 있다. 서호주의 샤크만에서는 지금도 스트로마톨라이트가 점점 더 커지고 있는 현장을 목격할 수도 있다.

탄산칼슘을 버리는 대신 사용하는 방법을 터득한 생명은 그 사용법을 다양화했다. 일부 유공충은 자신의 몸을 단단한 탄산칼슘으로 감쌌다. 탄산칼슘으로 온몸을 덮은 게 아니라 구멍이 숭숭 뚫린 탄산칼슘 옷을 입은 것이다. 하지만 탄산칼슘의 용도는 여기까지였다. 이렇다 할 경쟁도 없고 피식자와 포식자의 관계도 없는, 평화롭지만 지루한 생태계에서 탄산칼슘은 특별한 필요가 없었다.

탄산칼슘과 캄브리아기 대폭발

지금으로부터 5억 4,100만 년 전 전혀 새로운 생명의 역사가 시작된다. 이빨과 촉각, 발톱과 턱을 가진 동물들이 갑자기 등장했다. 오늘날 볼 수 있는 모든 동물문(門)들이 갑자기 딱딱한 껍데기를 갖게 되었다. 각 동물문이 부드러운 몸 형태의 벌레 모양에서 너나 할 것 없이 일제히 복잡한 생김새로 바뀌었다. 이 사건은 모든 동물문에서 동시다발적으로 일어났다. 아주 오랫동안 아무 일도 없다가 눈 깜짝할 사이에 그렇게 된 것이다.

이 갑작스런 사건의 한복판에 탄산칼슘이 있다. 탄산칼슘으로 이루어진 방해석은 삼엽충의 눈이 되었다. 지구에 드디어 눈이 탄생한 것이다. 또 탄산칼슘은 단단한 입이 되었다. 그전까지는 여과섭식을 했다. 마치 현재의 수염고래나 고래상어 그리고 조개와 홍학처럼 벌린 입으로 들어오는 플랑크톤이나 부유생물을 여과해서 먹었다. 하지만 눈과 입이 생기자 쫓아가 잡아먹기 시작했다. 포식자들은 헤엄 기술을 발달시켰다. 피식자들은 포식자들은 감지할 감각기관과 위장술을 발달시켰으며 단단한 갑옷을 만들어 입었다. 눈과 입 그리고 갑옷의 재료는 바로 탄산칼슘 한 가지였다.

우리가 알고 있는 모든 고생물학과 생물학의 지식은 5억 4,100만 년 이후의 일이다. 우리가 사라진 생명을 이야기할 때 등장시키는 오스트랄로피테쿠스, 아크로칸토사우루스, 긴털매머드, 삼엽충과 암모나이트

삼엽충의 눈. 5억 4,100만 년 전 지구 생명체에 생긴 최초의 눈은 탄산칼슘으로 이루어진 방해석으로 만들어졌다.

같은 것들은 기껏해야 최근 5억 4,100만 년 동안에 살다가 사라진 것들이다. 탄산칼슘이야말로 지구 생명의 다양성을 일궈낸 핵심 요소다. 탄산칼슘이 없었다면 아름다운 지구 생명체는 없었다.

지구 냉각과 백악기

쓸모없던 탄산칼슘이 생명들로부터 각광을 받게 되자 바다에는 칼슘과 이산화탄소가 점점 줄어들었다. 생명체가 흡수한 탄산칼슘은 다시 이산화탄소와 칼슘의 형태로 바다에 돌아와야 했지만 상당량의 조개껍데기와 산호가 짓눌려서 백악과 석회암이 되고 열과 압력을 받아서 대리석이 되었다. 요즘 이산화탄소는 지구온난화의 주범으로 악명이 높지만 이산화탄소는 온실효과를 통해 지구의 기온을 지켜주는 귀중한 기체다. 이산화탄소가 탄산칼슘 형태로 생명체 안에 축적되자 대기 속의 이산화탄소가 줄어들고 온실효과가 떨어지면서 지구의 기후는 점차 추워졌다. 이 추위는 화산활동으로 이산화탄소가 다시 배출될 때까지 계속되었다.

영국과 프랑스를 가르는 도버해협의 영국 측 남쪽 입구에는 16킬로미터에 이르는 백악으로 이루어진 거대한 백색 절벽이 요새처럼 서 있다. 이 백악층은 중생대의 마지막 시대인 백악기(Cretaceous period, 1억 4,500만 년 전~6,600만 년 전)에 형성된 것이다. 당시 영국의 남쪽 지역과 지중해의 크레타섬은 얕은 열대 바닷속에 잠겨 있었다. 백악은 천천히 쌓였고, 이후 융기 작용에 의해 수면으로 100미터 이상 융기되어 절벽과 섬을 이루었다.

백악기 지층에는 아크로칸토사우루스, 티라노사우루스, 트리케라톱스를 비롯한 우리가 잘 아는 공룡들이 살았다. 그리고 아마도 이때 제우스가 크레타섬의 동굴에서 목숨을 구했다. 이 무시무시한 시대에 다행히 아직 사람은 등장하지 않았다.

도버해협의 백색 절벽.
길이 16킬로미터 높이 100미터에 이르는
거대한 백색 절벽은 중생대 백악기 수중 생물의
잔해가 쌓여서 만들어진 암석이다.

크레타섬의 거대한 백악 절벽은
중생대 백악기 생명의
잔해로 만들어진 암석층이다.

환경과 적응

야행성

1989년 미국 서부 뉴멕시코의 2억 2,000만 년 전 중생대 트라이아스기 후기 지층에서 누구의 것인지 알 수 없는 분석(糞石, 똥 화석)이 발굴되었다. 여기에서 아주 작은 뼈 하나를 발견했다. 그것은 가장 오래된 포유류 아델로바실레우스(*Adelobasileus*)의 머리뼈 일부라는 사실이 밝혀졌다. 아델로바실레우스는 길이가 10센티미터 정도였던 것으로 추정된다. 꼬마 아이에게 아델로바실레우스를 보여주면 '쥐'라고 대답할 것이다. 그런데 이때는 아직 공룡은 등장도 하기 전이었다.

공룡이 없다고 해서 아델로바실레우스가 살만 했던 것은 아니다. 공룡 대신 길이가 1미터가 넘는 메토포사우루스라고 하는 양서류와 길이가 10미터가 넘는 피토사우루스라고 하는 파충류가 사방 천지에 널려 있었다. 이들은 웬만한 것은 한입에 꿀꺽 삼킬 수 있는 절대 강자였다.

거대 양서류와 파충류에게 쉽게 당하지 않으려면 온몸을 단단한 갑옷으로 감싸야 했다. 갑옷 같은 것이 있을 리 없는 포유류인 아델로바실레우스는 두려움 속에서 살아야 했다.

그렇지 않아도 힘겨운 삶을 살고 있는 아델로바실레우스에게 새로운 강자가 등장했다. 지구 최초의 공룡 코엘로피시스가 나타난 것이다. 몸집의 크기가 문제는 아니었다. 코엘로피시스는 머리에서 꼬리까지 길이가 2미터 정도이고 꼬리를 제외한 몸통의 길이는 1미터에 불과했다. 당시 살고 있던 거대 양성류와 거대 파충류에 비하면 꼬마에 불과했다. 그런데 지구 대륙은 서서히 공룡의 차지가 되어가고 있었다.

생지옥으로 변한 지구

최초의 포유류 아델로바실레우스와 최초의 공룡 코엘로피시스가 등장하던 때는 초대륙 판게아가 한창 분열하고 화산 활동이 빈번하던 때였다. 대기 중에 이산화탄소가 늘어나 지구온난화가 일어났고 대륙은 사막으로 변해갔다. 식물들은 말라죽었다. 엎친 데 덮친 격으로 직전에 30퍼센트에 달했던 산소 농도가 11퍼센트까지 급격히 떨어졌다. 오늘날 대기 산소 농도 21퍼센트와 비교해도 절반밖에 안 되는 것이다. 동물들은 숨을 쉬기 힘들었다. 포유류와 공룡이 탄생한 시기는 굉장히 덥고 건조할 뿐만 아니라 산소가 적어 숨쉬기조차 힘든 시대였다.

이 시기에 등장한 포유류와 공룡은 환경조건에 맞는 신체 구조였지만 그 이전부터 살고 있었던 거대 양서류와 파충류들은 서서히 사라질 수밖에 없었다. 이제 그 땅을 누가 차지할 것인가? 포유류와 공룡은 지배자가 되기 위한 경쟁을 시작한다.

이미 출발선이 달랐다. 공룡은 포유류보다 훨씬 컸으며 파충류답지 않게 빨랐다. 파충류들은 다리가 몸통 옆으로 튀어나와 있어서 빨리 이동하지 못하고 몸을 구불거리며 움직일 때마다 허파가 눌려서 호흡이 자유롭지 못하다. 걸을 때와 숨 쉴 때를 구분해야 했다. 포유류 아델로바실레우스도 이들과 마찬가지로 몸을 구불거리면서 걸었다. 그런데 공룡은 다리가 몸통에서 바닥을 향해 아래로 똑바로 나왔다. 공룡은 두 발로 서서 걸었다. 하반신과 상반신이 따로 움직일 수 있게 되었다. 따라서 공룡은 걸으면서도 숨을 쉴 수 있었다. 공룡은 인간보다도 훨씬 앞서서 이미 2억 년 전에 직립보행을 한 것이다.

게다가 공룡에게는 공기뼈라는 게 있었다. 뼛속에 둥글고 작은 구멍과 튜브 형태의 공간이 있는 것이다. 공기뼈에는 공기주머니가 달려 있었다. 산소를 저장하는 탱크가 몸 안에 있는 셈이다. 이런 공룡과 함께 살아야 했던 포유류의 삶은 얼마나 고달팠을까! 출발점도 달랐지만 시간이 지날수록 격차가 더 커졌다.

밤의 세계로 진출한 포유류

7,000만 년을 건너뛰어보자. 이제는 쥐라기 후기다. 등에 거대한 골판이 달린 스테고사우루스와 포악한 알로사우루스, 길이가 30미터가 넘는 수페르사우루스가 살던 시대다. 공룡들이 각양각색의 모습으로 다양성을 과시했다. 이때의 대표적인 포유류는 라올레스테스(*laolestes*)다. 7,000만 년 전과 차이점을 거의 느낄 수 없다. 크기도 15센티미터 정도에 불과했다. 꼬마 아이에게 라올레스테스를 보여줘도 '쥐'라고밖에 대답할 수 없을 것이다.

그런데 여전히 작고 보잘것없는 라올레스테스에는 한 가지 혁신이 숨겨져 있다. 조상들과 달리 라올레스테스의 턱은 한 개의 뼈로 구성되어 있다. 턱뼈가 하나로 줄어들었으니 더 단단해졌을 것이다. 그런데 이걸 가지고 혁신이라고 할 수는 없다. 여러 개의 턱뼈가 합쳐져서 하나의 턱뼈가 된 게 아니라 여러 개의 턱뼈 가운데 하나만이 턱으로 남았다는 것이다. 그러면 나머지 뼈는 어디로 갔을까?

나머지 뼈의 행방은 귀에서 찾을 수 있다. 턱에 있던 뼈들이 귓속으로 이동해 망치뼈와 모루뼈가 되었다. 망치뼈와 모루뼈는 고막을 통해 전달되는 소리를 증폭시키는 역할을 한다. 덕분에 포유류는 높은 소리를 잘 들을 수 있게 되었다. 파충류에는 망치뼈와 모루뼈가 없다. 이런 뼈가 보인다면 그것은 포유류라고 할 수 있다.

그래서 턱뼈가 줄어들고 가운데귀가 발전했다는 게 무슨 의미일까?

밤의 세계를 지배하는 동물은 포유류다. 포유류가 낮을 포기하고 밤을 선택하게 된 데는 공룡의 존재가 결정적인 역할을 했다.

그것은 포유류가 밤의 세계로 진출했다는 것을 뜻한다. 이전까지는 빛이라는 정보에 의존해서 살았다. 가운데귀가 생겨나자 소리라는 정보를 쉽게 해석할 수 있게 되었다.

소리만 들린다고 밤의 세계에 진출할 수 있는 것은 아니었다. 밤에는 춥다. 몸이 사용하는 에너지는 화학반응을 통해 얻어지는데 화학반응은 일정한 온도가 유지되어야만 일어난다. 그런데 포유류는 체온이 언

턱뼈 일부를 귀로 밀어올려서 가운데귀를 만든 라올레스테스. 가운데귀의 탄생으로 포유류는 밤의 세계에 진출하게 된다.

제나 일정했다. 이걸 내온성(內溫性)이라고 한다. 내온성을 얻기 위해서는 세포 하나에 미토콘드리아가 수천 개씩 들어 있어야 한다. 라올레스테스가 속귀를 가졌다는 것은 밤에 생활을 했다는 뜻이고 밤에 생활을 했다는 것은 내온성을 확보했다는 말이 된다. 마침내 어둡고 추운 밤의 세계로 척추동물이 발을 들여놓았다. 포유류에게는 이전과는 다른 전혀 새로운 세상이 열렸다.

환경과 적응

밤이라는 세계

밤은 가혹한 세계다. 밤에 활동을 하려면 몸 안에서 열을 내야 하는 내온성이 있어야 한다. 몸에서 열을 내려면 연료가 많이 필요하고, 연료를 확보하려면 먹이를 많이 얻어야 한다. 그런데 귀가 좀 들린다고 먹이를 많이 얻을 수 있겠는가? 먹이를 조금만 먹고도 체온을 유지할 방법을 찾아야 했다. 그런데 포유류는 몸집마저 작아서 체온 소실이 매우 컸다. 그래서 작은 동물일수록 먹이가 더 많이 필요하다. 이건 털로 해결할 수 있는 문제가 아니다. 포유류는 새로운 장치를 발명해야 했다.

중국 랴오닝성의 1억 2,500만 년 전 백악기 전기 지층에서 포유류 에오마이아(*Eomaia*) 화석이 발견되었다. 크기는 여전히 15센티미터에 불과했다. 그런데 에오마이아의 턱에는 그전의 포유류와는 달리 요철(凹凸) 모양의 어금니가 있었다. 초기의 포유류 이빨은 산(山) 모양이어서 먹이를 찢지 못했다. 이젠 음식을 찢고 갈아 으깰 수 있는 이빨을 가진 것이다. 그 결과 먹을 수 있는 곤충의 종류가 늘어났다. 식량의 폭이 확대된 것이다. 심지어 식물을 먹을 수 있는 포유류들도 생겨났다. 식성이 좋아진 것이다. 이젠 밤의 세계에서도 에너지를 충분히 얻을 수 있게 되었다.

우리 인간은 포유류의 대표선수가 아니다. 인간은 별난 포유류일 뿐이다. 따라서 포유류 이야기를 할 때 우리 인간을 생각하면 안 된다. 우리가 풍부한 색깔의 세계를 누리고 있다고 해서 다른 포유류들도 그런

것은 절대로 아니다. 아름다운 색채의 세상을 보고 있는 포유류는 인류를 비롯한 몇 가지 영장류에 불과하다.

　대부분의 포유류들은 색을 잘 구분하지 못한다. 왜냐하면 포유류는 밤의 동물이기 때문이다. 캄캄한 밤에 색깔은 중요하지 않다. 밤이라는 세계에 사는 포유류는 색을 구분하는 능력을 포기하고 대신 약한 빛을 받아들이는 능력을 택했다. 낮에 활동하게 된 포유류들도 마찬가지로 색을 구분하는 능력이 거의 없다. 지금은 사라진 투우장에서 소가 빨간색 천을 보고 흥분한 게 아니다. 소들은 팔랑거리며 움직이는 천의 모습에 반응했을 뿐이다.

　캄캄한 밤에 소리에 의지해서 곤충의 위치와 움직임을 파악하는 일은 매우 어려운 일이다. 또 캄캄한 밤에 나갔다가 새벽이 오기 전에 다시 굴 속으로 돌아오는 일도 여간 어려운 일이 아니다. 이빨 모양이 바뀌고 다양한 식성을 갖게 된 탓에 뇌에 충분한 에너지를 공급하는 것만으로 가능한 게 아니다.

　포유류들은 공룡과는 다른 뇌를 가져야 했다. 단지 뇌의 크기가 달랐다는 말이 아니다. 포유류의 뇌에는 대뇌새겉질(cerebral neocortex)이 있다. 기억과 학습 그리고 의사소통의 능력을 제공하는 영역이다. 밤의 세계로 진출한 포유류는 대뇌새겉질을 만들어내고 크게 키워냈다. 그 끝에 우리 인류가 있다.

작고 짧은 수명

밤의 세계로 진출하면서 포유류는 공룡의 공포에서 벗어날 수 있었다. 이 과정에서 턱과 귀, 이빨과 뇌의 구조를 바꾸었다. 하지만 커다란 공룡이 수십~100년까지도 살 수 있는 데 반해 포유류는 여전히 작았고 수명은 2~3년에 불과했다. 슬픈 일이 아니다. 짧은 수명은 빠른 세대교체를 의미한다. 세대가 거듭될 때마다 돌연변이가 일어난다. 그리고 작을수록 고립될 확률이 크다. 따라서 작고 수명이 짧을수록 진화할 수 있는 기회가 많다. 결정적인 환경 변화에 살아남을 수 있다는 뜻이다. 6,600만 년 전 공룡이 멸종할 때 포유류가 살아남아 진화를 계속하다 결국 인류가 탄생한 이유도 여기에 있다. 원시 포유류가 밤의 세계로 진출하지 않았다면 우리 인류도 없었다.

부리와 이빨

지금까지 지구에는 다섯 차례의 대멸종이 있었다. 그 가운데 우리에게 가장 큰 인상을 남기고 있는 것은 세 번째와 다섯 번째 대멸종이다. 그 영향이 얼마나 컸던지 세 번째 대멸종은 고생대와 중생대를 갈랐고, 다섯 번째 대멸종은 중생대와 신생대를 갈랐다.

대멸종의 원인은 간단하다. 급격한 기후 변화다. 온도가 5~6도 급격하게 오르거나 내리고, 산소 농도가 떨어지며 대기의 산성도는 오른다. 문제는 이런 변화가 어떻게 생겼냐는 것. 고생대가 끝날 무렵에는 지구의 대륙들이 하나로 뭉쳐서 초대륙인 판게아가 형성되면서 지구가 사막화되었고 동시에 시베리아에서 100만 년에 걸친 대규모 화산 폭발이 있었다는 것으로 설명된다. 이때 지구 생명체의 95퍼센트가 멸종했다.

환경과 적응

마침내 2억 5,200만 년 전 중생대가 시작되었다. 공룡은 중생대의 육상을 지배했다. 그런데 1억 6,000만 년 동안이나 지구를 지배하던 공룡도 한순간에 허망하게 사라지고 말았다. 공룡의 멸종에 관한 나름대로 합리적인 설명은 백 가지도 넘지만 99퍼센트 이상의 과학자들이 가장 합리적이라고 받아들이는 원인은 운석이 충돌함으로써 일어난 재앙의 결과라는 것이다.

약 6,600만 년 전 어느 날, 어둠 속에서 우주를 떠돌던 거대한 소행성(asteroid)이 지구 중력에 이끌렸다. 지구 대기에 들어와서 훨훨 타면서 쪼개지고 밝은 빛을 내는 유성(별똥별, meteor)이 되었다. 대부분은 대기 속에서 타고 없어졌다. 하지만 커다란 덩어리 하나가 지구에 충돌했다. 이 운석(meteorite)의 지름은 무려 10킬로미터에 달했다.

운석 충돌의 위력은 핵폭탄 수백만 개가 터지는 위력을 보였다. 충돌 즉시 전 지구에 지진과 함께 열폭풍과 쓰나미가 들이닥쳤다. 불지옥과 물지옥이 함께 닥친 것이다. 이어서 수많은 화산들이 폭발하면서 가스를 뿜어냈다. 지구가 조금 안정되나 싶더니 충돌과 화산 폭발로 인한 먼지가 햇빛을 가렸다. 핵겨울이 오자 수억 년에 걸쳐 형성된 생태계는 허망하게 무너졌다. 식물의 생산성이 급격히 떨어졌다. 먹이사슬의 가장 밑바닥을 차지하는 식물들이 줄어들면 초식동물과 육식동물이 차례대로 어려움을 겪을 수밖에 없었다.

공룡이라고 별 수 없었다. 포악한 포식자였던 티라노사우루스, 뿔이 세 개나 달린 트리케라톱스, 트럼본 소리를 내던 파라사우롤로푸스,

공룡 멸종에 관한 이론은 백 가지도 넘지만 대부분의 과학자들은 거대한 운석의 충돌로 인한 기후 변동이 그 원인이라고 생각한다.

갑옷과 꼬리곤봉으로 무장한 안킬로사우루스도 별 수 없이 멸종했다. 1억 6,000만 년 동안이나 지구를 지배했던 공룡들이 한 방에 갔다. 그런데 이것은 2015년까지의 이야기다.

공룡, 한 방에 가지 않았다

2016년 7월 5일 『네이처 커뮤니케이션스』에는 다른 시나리오가 발표되었다. 미국 미시간 대학교의 시에라 피터슨(Sierra Peterson) 연구팀은 중생대 백악기 말의 공룡 멸종이 한번에 일어난 것이 아니라 적어도 두 차례에 나뉘어서 일어났다고 주장했다.

이들은 중생대 말에 남극의 세이모어(Seymour) 섬 인근에 살던 24종의 공룡 가운데 10종이 운석 충돌 오래전에 멸종한 사실을 발견했다. 연구팀은 운석 충돌 전에 어떤 기후 변화가 있었는지 알아보기 위해 6,500만 년 전부터 6,900만 년 전까지의 조개껍데기 화석의 화학 성분을 분석했다. 역시 예상한 대로 운석 충돌 전에도 심각한 기후 변화가 있었다는 사실이 밝혀졌다. 그 원인은 인도 남부에 있는 데칸(Deccan) 고원의 화산 폭발로, 6,870만 년 전의 일이다. 남극 인근의 바다의 온도가 약 100만 년 동안 4~15도 정도 상승했다.

세이모어 섬에는 14종의 공룡이 살아남았다. 하지만 6,570만 년 전 그 유명한 운석이 충돌했다. 다시 20~40만 년 동안 바다 온도가 6~7도 정도 올랐다. 데칸고원 화산 폭발로 인한 온난화로 스트레스가 높아진 공룡들에게 운석 충돌은 파멸적인 결과를 가져왔다.

시에라 피터슨은 복싱 용어를 사용해서 상황을 정리했다. "중생대 백악기 말의 대멸종은 화산 활동과 운석 충돌의 조합으로 일어난 것이다. 공룡들은 원-투-펀치(double blow)를 맞고 쓰러졌다."

그렇다. 공룡은 한 방에 가지 않았다. 두 방에 갔다. 물론 공룡만 사라진 것은 아니었다. 지구 생명체의 70퍼센트 정도가 사라졌으며, 특히 육상에서는 고양이보다 커다란 동물은 거의 사라졌다.

불과 300만 년 사이에 화산 폭발과 운석 충돌이라는 원투 펀치를 맞

최근 연구에 따르면 중생대 말 대멸종이 있기 300만 년 전에 한 번의 충격이 더 있었다. 다섯 번째 대멸종은 원투 펀치의 결과다.

고 대부분의 공룡과 큰 동물이 사라졌지만 어디에나 틈새는 있는 법이다. 먹이를 많이 먹지 않아도 되는 작은 동물들은 살아남을 가능성이 컸다. 특히 공룡 등살에 낮에 생활하기를 포기하고 야행성 생활을 택한 작은 포유류들은 유리했다. 이제 육상은 무주공산이 되었고 땅은 그들의 차지였다. 공룡 시대는 지나갔고 포유류의 시대가 도래한 것이다. 포유류는 종류를 늘려가는 한편 몸의 크기도 키웠다.

그런데 공룡이라고 해서 다 사라진 것은 아니다. 어떻게 공룡이라고 다 컸겠는가? 생태계는 그렇게 구성되지 않는다. 원래 공룡 종류의 절반 이상은 크기가 현생 거위보다 작았다. 작은 공룡은 큰 공룡에 비해 살아남을 확률이 컸다. 조금만 먹어도 되기 때문이다. 게다가 깃털이

환경과 적응

온몸을 덮고 있어서 에너지를 효율적으로 이용할 수 있다는 더 큰 장점이 있다.

당연히 모든 공룡이 멸종한 것은 아니었다. 수많은 종류의 작은 공룡이 살아남았고 지금도 약 1만 종의 공룡이 우리와 함께 살고 있다. 우리는 그 공룡을 지금 '새'라고 부른다.

새는 왜 살아남았을까?

현생 조류는 사람보다도 지구에 더 널리 퍼져 있다. 새의 방산(放散) 원인은 그들의 가까운 사촌인 비조류형 공룡의 멸종과 밀접한 관련이 있다.

영화 「쥬라기공원」에는 덩치는 크지 않지만 관객들을 가장 많이 긴장시키게 만드는 공룡이 있다. 바로 벨로키랍토르. 벨로키랍토르가 등장하면 관객의 뇌에는 노르아드레날린이 분비된다. 이 벨로키랍토르를 포함한 공룡 그룹을 마니랍토라(*Maniraptora*)라고 한다. 현생 조류도 여기에 속한다. 다른 마니랍토라들이 모두 멸종할 때 새들은 살아남은 까닭은 무엇일까? 단지 크기가 작아서일까?

새가 아니어도 작은 공룡들은 많았다. 하지만 그들은 멸종했고 새들은 살아남았다. 새처럼 작은 공룡과 새의 근본적인 차이는 뭘까? 바로 이빨이다. 캐나다 필립 퀴리 공룡박물관의 학예사 데릭 라슨(Derek

Larson)은 작은 공룡의 이빨에 주목했다. 데릭 라슨은 중생대 백악기 말에 살았던 공룡의 이빨을 분석해보면 새가 살아남은 실마리를 찾을 수 있을 것으로 기대했다.

공룡 이빨을 연구하는 일은 어렵지 않을 뿐만 아니라 아주 유용했다. 이빨은 상대적으로 화석 기록에 많이 등장할 뿐만 아니라 당시 공룡들이 살았던 시절의 생태, 특히 그들이 무엇을 먹었는지를 많이 알려주기 때문이다.

이빨에서 나타나는 해부학적 '격차'를 관찰하면 생태를 정량적으로 측정할 수 있다. 연구팀은 백악기 말기에서 멸종 즈음에 이르기까지의 3,100개 이상의 공룡 이빨에서 굽은 정도와 이빨 뿌리에서 머리까지의 길이를 쟀다. 두 가지 상반된 결과를 예상할 수 있다. 먼저 시간이 지날수록 격차가 줄어든다면 생태계가 불안했다는 것을 말한다. 다양성이 줄어든다는 뜻이다. 반대로 격차가 일정하다면 생태계 역시 안정적이었다는 것을 말한다. 실제로는 매우 높은 격차가 백악기 말기 내내 유지되었다. 즉 백악기 말기에 생태계는 일정했고 안정적이었다.

이것이 의미하는 바는 뭘까? 멸종은 상당히 순간적으로 일어난 것이지 오랜 기간에 걸쳐서 서서히 일어난 현상이 아니라는 것이다. 따라서 먹이 섭취와 관련된 국면이 더 중요한 것으로 보인다. 데칸고원 화산 폭발이라는 펀치를 맞고 흔들리기는 했지만 이내 안정을 찾은 중생대 말 생태계가 운석 충돌이라는 강편치에는 견디지 못하고 녹다운 됐다는 것을 말한다. 그래도 질문은 여전히 남는다. 새는 어떻게 살아남

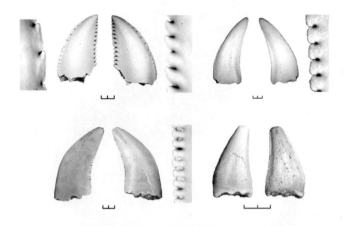

공룡 이빨의 곡률과 부리에서 머리까지의 길이 같은 특성의 격차가 중생대 백악기 말기 내내 일정하게 유지되었다. 이것은 당시 생태계가 안정되어 있었다는 것을 말한다.

았는가?

데릭 라슨은 백악기 말기에 살았던 초기 조류에게 케라틴으로 덮인 부리가 등장했다는 사실에 주목했다. 조류가 속한 다른 마니랍토라 역시 깃털로 덮여 있고 크기도 작았지만 그들에게는 부리 대신 이빨이 있었다.

현생 조류의 먹이를 살펴보면 다섯 번째 대멸종에서 살아남은 많은 그룹은 씨앗을 먹으면서 살아남을 수 있었을 것으로 추측할 수 있다. 운석이 충돌한 후 기후가 급변할 때도 씨앗은 충분히 구할 수 있는 자원이었을 것이다. 요즘도 산불이 나면 폐허가 된 지역을 새들이 가장 먼저 장악하는 것도 남아 있는 씨앗이 풍부하기 때문이다. 씨앗은 환경

거의 모든 공룡이 멸종할 때 초기 조류가 살아남을 수 있었던 까닭은 이빨이 사라지고 부리가 생겨서 씨앗
을 먹을 수 있었기 때문이다.

변화에 자신을 보호할 수 있는 온갖 장치를 갖추고 있다. 심지어 산불이 나서 모든 나무가 타버려도 씨앗은 남는다.

화석 연구에 기초한 라슨 연구팀의 시나리오는 현생 조류의 DNA 연구 결과와 일치한다. 모델 연구에 따르면 당시에 살던 초기 조류는 곡식조(穀食鳥)였다. 곡식조는 주로 씨앗을 먹는다. 이에 반해 부리가 없는 공룡들은 대멸종의 고비를 넘을 수 없었다.

이 점은 매우 중요하다. 백악기 말 운석의 충돌로 인해 먹이사슬이 붕괴되었을 때 씨앗이 살아남을 수 있었기 때문에 일부 공룡들이 살아남았고 우리가 새소리를 들을 수 있는 것이다. 씨앗에게 물과 불의 위협에서 견뎌낼 수 있는 장치가 없었다면 지구에는 새도 없고 우리 식탁에 닭이 올라오지 못했을 것이다.

만약에 티라노사우루스 렉스에게 이빨 대신 부리가 있었다면 어땠을까? 소용없었을 것이다. 너무 덩치가 컸기 때문이다. 생태계가 무너지고 먹이사슬이 붕괴될 때 큰 몸집은 불리하다. 우리가 옛 티라노사우루스 걱정할 때가 아니다. 우리 인류가 문제다. 지금은 여섯 번째 대멸종기다. 우리는 덩치도 육상 동물 가운데 상위에 랭크될 만큼 큰 데다 부리를 갖출 가능성은 없다. 어떻게든 지금의 생태계를 유지해보려고 애쓰는 수밖에 없다.

빨간색과 흰자위

라디오 대담 프로그램에 각막이식 수술을 받은 지 얼마 되지 않은 사람이 출연하였다. 프로그램 끝 무렵에 진행자가 "처음 눈을 뜨고서 가장 인상 깊었던 일은 뭐예요?"라고 묻자 출연자는 "자동차 색깔이 정말로 다양해서 깜짝 놀랐어요. 저는 모두 같은 색깔일 줄 알았거든요. 빨간 자동차는 정말 예뻐요"라고 대답했다.

이때 나는 두 가지 사실을 깨달았다. 첫째는 내가 볼 수 있는 다양한 색깔을 너무나 당연하게 여기고 있었다는 사실이며, 둘째는 선천적인 맹인도 색깔에 대한 개념을 갖고 있다는 사실이다. 나는 이 부분을 한동안 의심했지만 맹인도 일상생활에서 색에 대한 단어를 사용하면서 감정을 표현한다고 장애인학교 교사인 친구가 확인해주었다. 맹인들이 비록 흰색, 파란색, 빨간색을 볼 수는 없지만 흰색은 깨끗하고, 하늘 색

환경과 적응

깔인 파란색은 차갑다는 느낌을 알며, '새빨간 거짓말' 같은 비유를 사용할 수도 있다고 한다. 맹인도 색깔의 개념이 있을 정도면 인간의 삶에서 색깔은 엄청나게 중요한 역할을 하는 것일 테다.

그렇다면 언제부터 우리가 색깔을 인식할 수 있게 되었을까? 다른 영장류와 포유류 그리고 다른 척추동물과 곤충들도 색깔을 구분할 수 있을까?

빨간색을 잘 보지 못하는 겹눈

생명체에게 눈이 있는 것은 너무나도 당연한 일 같지만, 생명의 역사 38억 년 가운데 눈이 있는 생명이 등장한 것은 불과 5억 4,100만 년 전의 일이다. 최초의 눈은 바다에 녹아 있던 칼슘이 이산화탄소와 결합하여 생긴 방해석으로 만들어졌다. 방해석으로 된 눈으로도 온갖 색깔의 빛이 들어갔겠지만 당시 바다 생물이 그 빛을 해석할 수 있었을는지는 알 수 없다. 눈이 등장하자 생명들은 삶의 태도를 바꿔야 했다. 눈은 다른 곳으로 이동하거나 주변 환경을 탐색하는 데 결정적인 도구가 되었다. 이제는 무엇을 쫓아가서 잡아야 하며, 누구로부터 도망가야 할지를 알게 되었고, 위장술과 헤엄법을 익히고 개발해야 했다. 뛰어난 시력은 먹잇감을 찾는 데뿐만 아니라 짝을 찾는 데도 반드시 필요하므로 시각은 종의 생존에 결정적인 요소라고 할 수 있다.

곤충에게는 여러 개의 작은 눈으로 된 겹눈이 있다. 작은 눈을 낱눈이라고 한다. 곤충의 시력은 종마다 큰 차이가 있다. 낱눈이 보는 장면이 모자이크처럼 모여서 하나의 상을 만들어주므로 낱눈이 많으면 많을수록 곤충은 상을 더 또렷하게 볼 수 있기 때문이다. 개미의 낱눈은 100개도 안 되지만 파리에게는 3,000개, 나비에게는 약 1만 5,000개의 낱눈이 있으며 잠자리의 낱눈은 3만 개가 넘는다. 곤충들은 빨간색을 잘 보지 못한다. 곤충에게 빨간 자동차란 없다. 대신 우리가 보지 못하는 자외선을 볼 수 있다. 따라서 우리가 보는 꽃의 색깔과 곤충이 보는 꽃의 색깔은 다르다. 갑각류와 연체동물들도 겹눈이 있다.

빨간색을 볼 기회가 없는 물고기

스킨스쿠버 다이버들은 반드시 마스크를 착용한다. 우리의 눈은 공기층을 통해서만 제대로 선명하게 볼 수 있기 때문이다. 물과 공기 속에서는 빛의 굴절률이 각기 다르다. 따라서 마스크의 유리를 통해 빛이 통과할 때 빛이 굴절하여 수중에서의 물체는 실제 위치보다 25퍼센트 가까이 그리고 33퍼센트 더 크게 보인다. 그래서 갓 입문한 다이버들은 충분히 닿을 것 같은 곳에 손을 뻗지만 실제로는 닿지 않는 경험을 한다. 모든 다이버들은 무의식 중에 이러한 경험에 적응해 나간다.

그렇다면 마스크를 쓰지 않는 물고기들에게는 어떻게 보일까? 물고

환경과 적응

기는 먹이를 비롯한 물체들이 원래의 위치에 원래의 크기대로 보인다. 물고기 눈의 렌즈에 담긴 액체가 물의 농도와 같아서 굴절이 일어나지 않고 직선으로 보이기 때문이다. 하지만 물고기를 비롯한 수중동물들은 대개가 근시안이다. 물고기의 시야는 약 30센티미터 정도에 불과하다. (그래서 다이버들은 바다에서 상어를 만나면 도망가는 대신 다른 물체 앞에서 움직이지 않고 가만히 있는 방식을 택한다.) 수중에서 빛은 깊어질수록 약해진다. 빛은 깊어질수록 거의 흡수되어 버리므로 홍채로 빛의 양을 조절할 필요가 없다. 또 빛도 적고 항상 젖어 있으므로 눈을 깜빡일 필요도 없으니 눈꺼풀도 없는 게 당연하다. 육상동물보다 단순한 구조는 물고기 시야를 지독한 근시로 만들었다.

물은 투명하다. 그런데 깊은 물은 보통 녹색을 띤 청색이다. 왜 그럴까? 빛은 빨주노초파남보의 색깔이 모여서 투명한 색이 된다. 빨간색은 파장이 길고 파란색으로 갈수록 파장이 짧다. 빛은 물분자와 부딪히면서 파장이 긴 빛부터 사라지므로 빨간색이 가장 먼저 사라진다. (그래서 자연스러운 색깔을 얻기 위해 수중카메라에는 빨간색 필터를 끼운다.) 그리고 100미터만 들어가도 다른 색깔은 거의 사라지고 파란색만 남는다.

물고기는 빨간색을 볼까? 간단한 실험으로 확인할 수 있다. 어항을 캄캄하게 만든 후 프리즘을 통해 빛을 쪼이면 물고기는 초록색과 노란색인 곳에 모인다. 이것만으로는 물고기가 빨간색을 못 본다고 할 수 없다. 초록색과 노란색을 더 좋아할 수도 있기 때문이다. 그런데 어항에 빨간색 광선만 비추면 물고기들은 그냥 캄캄한 물속처럼 행동한다.

물고기는 빨간색을 보지 못하는 것이다. 이것은 어쩌면 당연한 일이다. 물속에서는 빨간빛이 사라지므로 빨간색을 볼 기회가 없는 물고기가 빨간색을 볼 장치를 가질 이유가 없지 않은가.

빨간색을 보는 동물들

지금은 거의 사라졌지만 한때 스페인의 상징은 투우였다. 칼로 소를 찔러 죽이는 장면은 잔인했지만 빨간 망토를 흔들어 소를 흥분시키는 장면은 정말 멋졌다. 그런데 투우사가 빨간 망토를 흔든 이유는 소가 아니라 관중을 흥분시키기 위해서였다. 소는 색맹이다. 모든 게 흑백으로 보인다. 따라서 붉은 천보다는 오히려 흰 천이 더 잘 보인다.

소만 색맹인 것은 아니다. 대부분의 포유류들은 소처럼 색맹이다. 말, 토끼, 생쥐, 다람쥐, 개와 토끼 모두 색맹이다. 색맹일 뿐만 아니라 시력이 아주 나빠서 바로 앞의 세상도 흐리게 보인다. 개가 사냥을 잘하는 이유는 시각이 아니라 후각과 청각 덕분이다. 고양이의 눈매는 날카로워 보이지만 실제로는 사람 시력의 5분의 1밖에 안 된다. 그런데도 생쥐들이 고양이에게 꼼짝하지 못하는 이유는 고양이가 시력은 나빠도 눈앞의 움직임에 아주 민감하기 때문이다. 게다가 쥐들은 코앞에 있는 물체밖에 못 본다.

원래 흑백이었던 포유류의 시각은 1차로 파란색(B)과 노란색을 구분

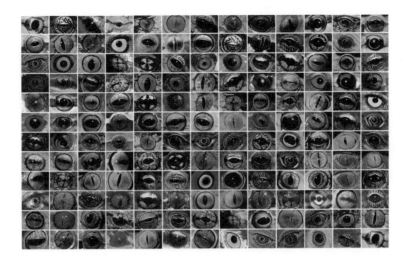

사람을 제외한 그 어떤 동물도 흰자위가 바깥으로 드러나지 않았다. 흰자위는 사람이 소통하는 데 중요한 역할을 하고, 덕분에 인류는 서로 협력하는 공동체를 이룰 수 있었던 것이 아닐까?

하는 2색형 색각으로 발전하였고, 그 후 영장류에 와서야 노란색을 감지하는 시세포가 빨간색(R)과 초록색(G)에 민감한 시세포로 분화해서 RGB라는 3색형 색각으로 한 번 더 발전하였다. 인간과 유인원 그리고 대부분의 구대륙 원숭이들은 RGB를 구분하여 감지하는 세포가 있고 이들을 혼합해서 색깔을 세밀하게 구분하여 볼 수 있다.

그렇다면 영장류는 왜 색깔 구별 능력이 발달한 것일까? 지난 100년 동안 과학자들은 빨간색을 볼 수 있으면 짙은 열대 비숲[雨林]에서 잘 익은 과일을 쉽게 구분할 수 있기 때문이라고 생각했다. 하지만 영장류로 실험을 해보았더니 우거진 숲에서 익은 과일을 찾는 데는 파란색과 노란색만 구분할 수 있으면 충분했다.

빨간색은 단백질이 풍부하고 소화가 잘되는 어린 이파리를 찾는 데 필요했다. 아프리카 식물의 절반은 어린 이파리가 붉은 색조를 띤다. 3,300만 년 전 남극이 다른 대륙과 완전히 결별했을 무렵, 지구는 급격하게 추워졌으며 이때 아프리카에서도 숲이 급속히 줄어들었다. 삶이 팍팍해졌을 때 일부 영장류가 빨간색을 보게 되었다. 빨간색이 추가되자 영장류는 가시광선 전체를 볼 수 있게 되었으며, 이들은 생존에 절대적으로 유리했다. 결국 자연은 3색각이 있는 영장류만 선택한 것이다. 3색형 색각을 얻은 영장류의 눈앞에는 아름다운 세상이 펼쳐졌다.

영장류만 빨간색을 볼 수 있는 것은 아니며 사람의 시력이 가장 뛰어난 것도 아니다. 조류의 눈은 척추동물 가운데 가장 발달했다. 눈꺼풀이 세 겹이나 되고 망막 깊숙한 곳에 특별한 광수용체가 있어서 가시광선 외에 자외선도 볼 수 있으며 망막에는 빛의 반사를 줄이는 돌기가 작은 빗처럼 나 있다. 덕분에 새는 날면서도 작은 물체를 쉽게 구분할 수 있다. 아마 공룡도 색깔을 구분하는 능력이 현생 새와 비슷했을 것이다.

친근한 외계인 ET

그림으로 묘사된 외계인들에게 우리는 별로 호감을 느끼지 못한다.

외계인들은 우리의 친구이기는커녕 무찔러야 할 대상이든지 기껏해야 다른 짐승처럼 보일 뿐이다. 하지만 예외가 하나 있다. 바로 스티븐 스필버그 감독의 영화에 등장하는 외계인 ET다. 배만 볼록한 몸매나 비례가 이상한 팔다리에도 불구하고 ET는 우리에게 친근한 이미지다. 왜 그럴까?

700만 년 전에 살았던 사헬란트로푸스 차덴시스의 상상도 두 개(A와 B)가 있다. 사헬란트로푸스 A와 B 가운데 누가 더 사람 같냐고 묻는다면, 정상적인 사람이라면 B를 고를 것이다. 왜 그럴까?

외계인 가운데 유독 스필버그 감독의 영화에 등장하는 ET가 친근하게 느껴지는 이유는 무엇 때문일까?

700만 년 전에 살았던 인류 사헬란트로푸스 차덴시스의 상상도. 어느 사헬란트로푸스가 더 사람 같은가?

그 비밀은 눈의 흰자위에 있다. 흰자위가 외부로 드러난 동물은 사람 뿐이다. 흰자위 덕분에 우리는 다른 사람이 어디를 보고 있는지 파악할 수 있으며 눈으로 이야기할 수 있다. 그래서 자기가 어디를 보고 있는 지 감춰야 하는 경호원들은 선글라스를 낀다. 흰자위는 공동체를 이루고 고도의 협력을 해야 하는 인류에게 결정적인 장치다. 흰자위가 드러나지 않는 사람은 공동체에서 신뢰받기 어려웠을 것이다. 서로 신뢰할 수 있는 무리일수록 자연에서 선택될 가능성이 컸다.

빨간색을 볼 수 있다는 것은 동물에게 있어서 엄청난 행운이다. 하지만 인간이 지금과 같은 공동체를 이룰 수 있는 까닭은 드러난 흰자위 때문이었다. 사람이 사람인 까닭은 자연을 보는 능력뿐만 아니라 서로에게 자신의 마음을 솔직하게 보이는 능력 때문이기도 한 것이다.

환경과 적응

섬 왜소화

어디 가느냐고 묻는 사람이 있다 / 섬에 간다고 하면 왜 가느냐고 한다 / 고독해서 간다고 하면 섬은 더 고독할 텐데 한다. // 옳은 말이다. / 섬에 가면 더 고독하다 / 그러나 그 고독이 내게 힘이 된다는 말은 / 아무에게도 하지 않았다. // 고독은 힘만 줄 뿐 아니라 나를 슬프게도 하고 / 나를 가난하게도 하고 나를 어둡게도 한다.

이생진의 시집 『아무도 섬에 오라고 하지 않았다』(작가정신, 1997)에 실린 '섬, 그리고 고독'의 앞부분이다. 섬은 특별한 곳이다. 그 특별함은 고립에서 왔다. 고립은 사람에게 힘을 주기도 하고 슬픔을 주기도 하고 가난하게도 하지만, 생물의 크기를 변화시키기도 한다.

인도네시아는 인구가 2억 5,000만 명이 넘는 큰 나라다. 실제로 좌

우의 폭이 알래스카를 제외한 미국 대륙의 폭보다 넓다. 하지만 국토가 크다는 느낌은 들지 않는다. 하나의 거대한 땅이 아니라 자그마치 18,108개의 섬으로 이루어졌기 때문이다.

관광지로 유명한 발리섬과 한때 분쟁 지역으로 유명했던 티모르 사이에는 플로레스섬이 있다. 포르투갈어로 '꽃'이라는 뜻이다. 플로레스섬 역시 관광지로 유명한데 여기에서는 코모도왕도마뱀을 볼 수 있다. 코모도왕도마뱀은 현생 도마뱀 가운데 가장 커서 길이 3미터, 몸무게 70킬로그램까지 자란다. 도마뱀만 큰 게 아니다. 큰 쥐도 있다. 플로레스자이언트쥐(*Papagomys armandvillei*)는 몸길이가 45센티미터이고 꼬리는 70센티미터까지 자란다.

플로레스섬에는 지금만 거대한 동물이 살고 있는 것은 아니다. 2010년에는 플로레스섬에서 거대 조류 화석이 발견되었다. 미국과 네덜란드, 인도네시아 학자들이 『린네 학회 동물학 저널』에 보고한 이 새는 멸종한 대머리황새(*Leptoptilos robustus*)의 일종으로 키 1.8미터, 몸무게 16킬로그램으로 현생 황새보다 훨씬 크고 무거웠다. 연구진은 이 대머리황새가 날지는 못했을 것이며 설사 날았다 하더라도 아주 드문 일이었을 것으로 추측한다. 다리뼈의 크기와 무게 그리고 뼈대의 두께로 미루어 볼 때 너무 무거워서 대부분의 시간을 땅에서 보냈을 것으로 추정한다.

그러니까 플로레스섬에는 과거 거대한 황새가 살았으며 지금도 거대한 쥐가 살고 있는 거대 생물의 세계인 셈이다. 혹시 플로레스섬에 살았던 과거 생명들은 모두 다 거대했던 것은 아닐까? 그건 아니다.

5만 년 전에 멸종한 플로레스인과 지금도 살고 있는 코모도왕도마뱀. 플로레스인은 코모도왕도마뱀을 잡아먹기도 했고 때로는 잡아먹히기도 했을 것이다. 플로레스인의 키는 불과 1미터도 되지 않았으며 코모도왕도마뱀은 길이 3미터까지 자란다. 둘 다 섬에서만 살았다.

호빗족과 난쟁이코끼리

2003년 플로레스섬에서 몸이 아주 작고, 특히 머리가 믿을 수 없을 정도로 작은 인류 화석이 발견되었다. 어린아이쯤은 대머리황새가 능히 잡아먹을 것 같을 정도로 작았다. 키가 기껏해야 1미터를 넘지 않고 몸무게는 25킬로그램이 안 되었다. 두뇌 용량은 현생 인류의 1,400밀리리터에 훨씬 못 미치는 400밀리리터 정도로 어른 침팬지보다도 작왔다.

발견자는 오스트레일리아의 고인류학자 마이클 모어우드(Michael Morewood). 모어우드 박사는 갓난아기보다 작은 크기의 머리를 가진 이 화석이 지금까지 보지 못한 새로운 인류라고 생각하고 플로레스인이라는 뜻의 호모 플로레시엔시스(*Homo floresiensis*)라는 이름을 붙였다. 플로레스인이 새로운 종의 인류가 아니라 현생 종의 난쟁이나 소두증 환자라고 의심할 수도 있지만, 과학자들은 그렇게 허술한 사람들이 아니다. 뇌가 난쟁이나 소두증 환자의 그것과는 달랐다. 과학자들은 플로레스인을 「반지의 제왕」에 등장하는 호빗을 떠올려서 호빗족이라고도 부른다. 플로레스인은 84만 년 전 자바섬에서 플로레스섬으로 이주한 호모 에렉투스의 후예로 보인다.

유발 하라리는 『사피엔스』에서 플로레스인을 이렇게 묘사했다. "인류가 플로레스섬에 도착한 것은 해수면이 이례적으로 낮아져서 본토에서 건너가기가 쉬운 때였다. 그러다 해수면이 다시 높아지자 일부 사람들이 자원이 부족한 그 섬에 갇히게 되었다. 식량을 많이 먹어야 하는 덩치 큰 사람들이 먼저 죽었고, 아무래도 작은 사람들이 살아남기가 수월했다.

세대를 거듭하면서 플로레스섬 사람들은 점점 난쟁이가 되었다. (……) 하지만 이들은 석기를 만들 능력이 있었으며, 가끔 섬의 코끼리를 어찌어찌 사냥하기도 했다. 사실은 그 코끼리들도 왜소화된 종이었지만 말이다."

Palaeoloxodon ex gr. *P. falconeri*
(Calf, Female & Male adult composite skeletons)

현대인과 비교한 멸종한 난쟁이 코끼리. 왼쪽부터 수컷과 새끼와 암컷. 섬에서만 살았다.

유발 하라리의 해석에는 의문이 있다. 자바섬은 다른 동남아시아 대
륙과 연결됐지만 플로레스섬은 깊은 바다로 갈라져 고대인들이 이 깊
은 바다를 쉽게 건널 수는 없었을 것이다. 이것은 호모 에렉투스가 배
를 만들 줄 알았을지도 모른다는 사실을 의미한다. 어쨌든 그들은 왜소
해졌고 코끼리도 작았다.

섬은 다르다

거대한 황새와 도마뱀 그리고 쥐가 살고 있는 플로레스섬에 살던 인
간과 코끼리는 작았다니 이상하지 않은가. 도대체 이런 일은 왜 일어
날까?
섬이기 때문이다. 섬은 본토라고 하는 큰 땅과는 다르다. 바다로 인

해 땅의 면적이 작고 인접한 섬이나 육지로부터 고립되어 있다. 특히 큰 바다[大洋]에 있는 섬들은 고립의 정도가 매우 심하다. 대륙붕에 있는 섬과 달리 큰 바다의 해저에서 솟아난 섬은 주변이 온통 물로 뒤덮여 있다. 그 결과 생태계와 서식 환경이 심오한 영향을 받는다. 알프레드 러셀 월리스 이래로 '섬생물지리학'은 박물학자에게 큰 영감을 불러일으켰다.

섬의 생물 종(種) 수는 종의 이주와 멸종에 의해 결정된다는 것이 생물지리학의 주요 원리다. (물론 섬에서도 종의 분화가 일어난다.) 이주와 멸종은 섬의 크기와 고립 정도에 달려 있다. 섬이 크면 더 많은 종이 생존할 수 있고 아주 고립되어 있으면 이주자가 적을 것이기 때문이다. 그래서 본토보다 섬의 면적당 종 수가 적기 마련이다.

육교(陸橋)가 없는 섬에 가려면 헤엄을 치든지 날아가든지 또는 떠내려가야 한다. 쥐, 사슴, 코끼리는 헤엄을 잘 친다. 새와 박쥐에게 물은 별다른 장벽이 아니다. 하지만 소와 기린 그리고 하이에나와 고양잇과 동물 같은 포식자에게 바다는 그야말로 넘을 수 없는 벽이다. 그러다 보니 섬의 생태계는 균형이 잡혀 있지 않다. 대양의 섬에는 포유류 포식자가 아예 없다. 예를 들면 뉴질랜드와 하와이 제도에 살던 토종 포유류는 박쥐뿐이다.

섬에 이주한 생물들은 포식자가 없거나 있더라도 매우 적은 새로운 환경에 놓이게 된다. 이런 곳에서는 본토에서와는 다른 선택 압력이 작용한다. 본토에서는 잡아먹히는 것을 피하고 번식을 위해 많은 먹이를 확보하고 보려는 진화 전략을 썼지만, 섬에서는 이 전략이 더 이상 쓸모가 없다. 섬에 온 종들은 새로운 환경에 적응하면서 행동과 생식, 개체군의 모습과 각 개체의 해부학적 특징이 변한다. 새로운 종으로 진화하는 것이다.

거대화와 왜소화

섬 환경에 가장 극적으로 대응한 것이 바로 신체의 크기 변화다. 같은 종이라 하더라도 환경에서 얻을 수 있는 자원의 양에 따라 덩치가 커지거나 작아진다. 이것을 '섬의 법칙(Island rule)' 또는 '포스터의 법칙(Forster's rule)'이라고 한다. 섬의 법칙은 1964년 포스터(Bristol Foster)가 1964년 『네이처』에 발표한 논문에서 유래했다. 그는 논문에서 "섬에서는 작은 동물은 포식자가 없어서 커지고, 큰 동물은 먹을 게 제한돼 있어 작아진다"고 주장했다. 물론 이렇게 단순한 이론이 모든 경우에 맞을 리가 없다. 따라서 '법칙'이라고 할 수는 없지만 그래도 상당히 많은 사례를 설명해준다. 실제로 작은 포유류들은 커지는 경향이 있고 (섬 거대화, insular gigantism) 큰 포유류들은 작아지는 경향(섬 왜소화, insular dwarfism)이 있다.

이런 경향은 특히 화석 종에서 확연하게 나타난다. 지중해의 섬은 매우 커다란 새앙토끼와 자이언트토끼의 고향이었다. 사이프러스와 마다

멸종한 자이언트토끼(Nuralagus rex) 상상도. 오른쪽에 있는 현생 토끼와 비교하면 그 크기를 짐작할 수 있다. 섬에서만 살았다.

가스카르에는 난쟁이하마가 살았으며 난쟁이코끼리와 같은 난쟁이 장비류들이 많은 섬에서 나타난다. 난쟁이코끼리의 몸무게는 동시대 본토에 살았던 선조 코끼리의 몸무게의 단 2퍼센트에 불과했다. 잘못 읽은 게 아니다. 20퍼센트가 아니라 2퍼센트가 맞다. 도대체 무슨 일이 있었단 말인가!

　여기에 대한 일반적인 해석은 포스터와 유발 하라리의 그것과 다르지 않다. 몸의 크기를 변화시킨 주요 원인은 섬에는 이용할 자원이 적다는 것에서 찾았다. 땅이 좁으니 먹을 것도 적다는 것이다. 수많은 연구 데이터를 모아서 검토한 연구에 따르면 섬의 면적은 실제로 작은 포

현생 플로레스자이언트쥐.
플로레스섬에 지금도 살고 있는 거대한 쥐.

유류들을 거대화시키는 데 큰 영향을 미쳤다. 하지만 쥐보다 커다란 동물의 경우에는 포식자가 없고 경쟁자가 적다는 게 신체 크기 변화의 중요한 동력이었다.

플로렌스인은 9만 5,000~1만 2,000년 전에 살았던 것으로 추정되었다. 이 시기는 오스트레일리아에 호모 사피엔스가 도착한 5만 년보다 한참 후의 시기여서 큰 미스터리였다. 하지만 2016년 3월 『네이처』에 보고된 최신 연구결과에 따르면 플로레스인들은 이미 5만 년 전에 멸종한 것으로 보인다.

고독은 힘이 되기도 하지만 슬프게도 하고 가난하게도 한다. 생태계가 섬으로 남으면 힘들어지는 이유가 바로 그것이다. 생태계는 가능하면 조밀한 먹이그물을 이루고 있어야 한다. 그런데 이젠 섬이 아니라 본토마저 섬처럼 고독한 생태계로 변하고 있어 걱정이다.

월
경

나는 성숙한 세 여인과 산다. 아내와 두 딸이다. 아쉽고 미안하게도 두 딸은 엄마 대신 아빠를 빼닮았다. 생김새뿐만 아니라 식성과 성격마저도 그렇다. 당연히 계획에 따른 규칙적인 생활을 하기 바라는 엄마보다는 걱정은 붙들어 매고 사는 아빠와 훨씬 친하다. 그럼에도 불구하고 세 여인은 아빠인 나만 빼돌리고 자기네끼리만 공유하는 규칙적인 경험이 있다. 월경(月經)이 바로 그것이다.

월경을 단 한 번도 경험해보지 못한 내가 곁에서 보기에도 월경은 매우 귀찮고 피할 수 있으면 좋을 것 같은 어떤 고통이다. 그런데 이들은 정작 가끔 월경을 건너뛰거나 주기가 일정하지 않으면 걱정한다. 심지어 아내는 친구들이 완경(完經)이 되었다는 소식을 들을 때마다 자기도 곧 닥칠 일이라면서 우울한 표정을 짓기까지 한다.

월경을 하는 이유

도대체 월경은 왜 하는 것일까? 이런 질문을 하면 "어허, 이 사람은 성교육도 받지 못했나"라며 배란과 수정, 착상 등등의 단어를 쓰고 그림을 그려가면서 설명하려드는 사람이 많을 것이다. 질문은 그게 아니다. 왜 사람은 월경을 하느냐는 것이다. "아니, 새끼를 낳는 젖먹이동물은 모두 월경을 하는 것 아냐? 잠깐 우리 집 고양이는 월경을 하지 않는 것 같던데, 그렇다면 사람 같은 영장류들만 월경을 하는 것인가?" 혹시 독자께서는 이런 생각을 하지 않으셨는가?

그렇다. 모든 젖먹이동물이 월경을 하는 게 아니다. 또 모든 영장류가 월경을 하는 것도 아니다. 사람, 침팬지, 고릴라, 오랑우탄 그리고 몇 종류의 원숭이만 월경을 한다. 그 밖에 월경을 하는 동물은 몇 종류의 박쥐와 코끼리땃쥐뿐이다. 코끼리땃쥐는 이름처럼 코가 기다란 설치류로 개미핥기처럼 개미 같은 작은 벌레를 기다란 혀로 핥아먹는다. 오로지 아프리카에만 산다.

기본적으로 월경에는 단점이 많다. 통증을 유발할 뿐만 아니라 철과 영양분을 잃는다. 그리고 특유의 피 냄새를 풍겨서 포식자를 유인할 수 있다. 대부분의 젖먹이동물은 월경을 하지 않는다. 젖먹이동물이 후손을 남기는 데 월경이 꼭 필요한 것이 아니라면 진화 과정에 월경은 왜 생겨났을까? 도대체 월경이 주는 더 큰 장점이 무엇일까? 특히 사람들은 왜 다른 동물과는 비교할 수 없을 정도로 많은 월경혈(月經血)을 배

환경과 적응

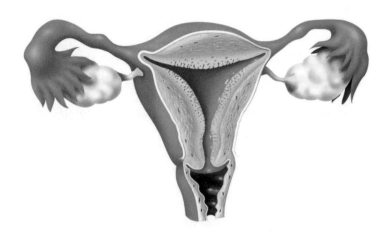

자궁내막은 매달 한 번씩 두터워졌다가 두 층으로 분리된다.

출할까?

　1950년대부터 다양한 가설이 등장했다. 첫째, 월경을 함으로써 자궁과 질에서 해로운 미생물을 제거한다는 것이다. 말도 안 된다. 월경혈은 세균이 살기 아주 좋은 곳이다. 둘째, 임신이 되지 않았을 때 자궁을 두텁게 유지하는 것보다 월경을 하는 것이 에너지 소모가 적다고 한다. 설득력이 약하다. 자궁벽이 얇아서 절약하는 에너지보다 자궁벽을 허물었다가 다시 짓는 데 소모되는 에너지가 더 많다. 셋째, 월경을 함으로써 임신되지 않았다는 신호를 남자에게 보내서 다시 짝짓기 기회를 가질 수 있다. 터무니없다. 대부분의 포유류들은 훨씬 간편한 방식으로 자신이 지금 임신 가능한 때라고 적극적으로 보여준다.

월경의 진화

　몸의 각 기관은 유전자를 퍼뜨리기 적합한 모습으로 진화했다. 자궁도 그 가운데 하나다. 1998년 영국 리버풀 대학의 생물학자 콜린 핀 (Colin Finn)은 월경은 나쁜 배아를 배출하기 위해 진화되었다는 아이디어를 제안했다.

　임신은 착상에서 시작된다. 착상은 배아가 자궁내막에 자리를 잡는 과정이다. 자궁내막은 말 그대로 자궁 안쪽의 막이다. 배아는 절묘한 시점에 호르몬을 배출해서 자신이 착상할 수 있도록 엄마의 자궁내막을 변형시킨다. 여기에 성공한 배아는 자궁 안에 태반이라는 기관을 만들어서 숨는다. 태반을 둘러싸고 있는 엄마의 세포들은 태아에게 공급하는 영양분을 조절하려 하지만, 태아는 호르몬을 분비하여 엄마로 하여금 자신에게 영양분을 무제한적으로 공급하게 만든다. 엄마의 혈당이 높아지고, 동맥이 팽창하고 혈압도 높아진다. 그리고 열 달 동안 엄마의 영양분을 성공적으로 흡수하면 세상의 빛을 보게 된다.

　하지만 이게 쉬운 일이 아니다. 자궁내막은 배아가 착상하기 힘들도록 진화했기 때문이다. 착상이라는 관문을 통과하는 건강한 배아만 임신의 길에 들어설 수 있게 했다. 건강하지 못하고 착상에 성공하지 못한 나머지 배아는 제거한다. 착상과 제거의 결정은 자궁내막의 두께가 결정한다. 착상은 자궁내막이 두꺼울 때만 일어나다. 즉 임신 여부를 결정하는 것은 어미라는 뜻이다. 배아가 건강하지 못할 경우 자궁내막

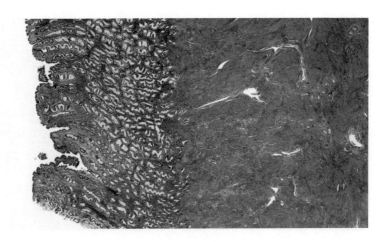

가장 두꺼운 상태의 자궁내막.

을 헐어서 배출한다. 이것을 자연 탈락막화(spontaneous decidualisation)라 하고 그 결과가 월경이다.

왜 월경은 모든 젖먹이동물에게서 일어나지 않을까? 배아가 엄마의 자궁내벽에 파묻히는 이유는 영양분을 찾기 위해서다. 그런데 동물마다 그 양상이 다르다. 소, 말, 돼지는 단지 자궁벽의 표면에 붙는 정도다. 개와 고양이는 조금 더 파고 들어간다. 그런데 사람처럼 월경을 하는 동물의 배아는 자궁내막을 파헤치고 깊이 들어가서 아예 엄마의 혈액으로 목욕을 할 정도다. 엄마와 아기 사이에 '진화의 줄다리기'가 일어나는 이유다. 엄마는 장차 태어날 모든 아기에게 골고루 영양분을 배정하기 원하지만 배아는 가능하면 엄마로부터 많은 자원을 얻어내려고 애쓴다. 배아가 공격적일수록 엄마는 방어력을 높여야 한다.

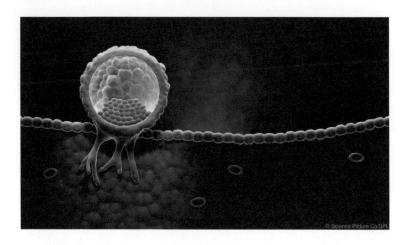

세포벽을 파고 들어가는 배아. 결국에는 엄마의 혈관과 연결된다.

　또 배아는 유전적으로 비정상적이기 십상이다. 그래서 많은 임신이 초기 몇 주 사이에 실패한다. 특히 인간은 유산 확률이 매우 높은데 이것은 아마도 특별한 짝짓기 습관 때문일 것이다. 대부분의 젖먹이동물들은 실제로 임신이 가능한 배란기 동안에만 짝짓기를 한다. 그런데 인간을 비롯한 영장류와 박쥐 그리고 코끼리땃쥐는 생식 주기 동안이라면 언제든지 짝짓기를 할 수 있다. 이것을 확장된 짝짓기(extended copulation)라고 한다. 그 결과 난자는 수정되기 전까지 며칠을 기다릴 수도 있다. 노화된 난자는 비정상적인 배아가 될 수 있다. 자연 탈락막화는 엄마가 자원을 절약하는 방법이다. 엄마가 나쁜 배아에게 자원을 투자하는 것을 막고 다음 기회에 성공적으로 임신하기 위해 몸을 가꾸어주는 것이다.

그러고 보니 월경을 하는 동물들은 모두 임신 기간이 길고 한 배에 기껏해야 한두 마리의 후손을 남긴다. 임신 실패는 엄청난 자원의 낭비를 의미한다. 진화는 불운한 임신을 피할 수 있는 방식으로 자궁내막의 자연 탈락막화를 개발한 것일지도 모른다.

우리는 이제 월경을 수수께끼를 푸는 데 가까이 갔다. 월경은 진화사에서 적어도 세 차례에 나뉘어 독자적으로 발생하였다. 월경은 생식 방식이 진화하는 동안에 생긴 우연한 부산물이다. 공격적인 배아에 대항한 결과일 수도 있고, 배란기와 상관없는 짝짓기 습관 때문이거나 둘다의 결과일 수도 있다.

동부코끼리땃쥐(*Elephantulus myurus*). 코끼리땃쥐는 유인원, 박쥐와는 다른 경로로 월경을 진화시켰다.

전통 사회의 월경

월경을 하는 동물일지라도 실제로 월경을 하는 경우는 매우 드물다. 야생 젖먹이동물들이 삶의 대부분을 임신과 새끼 양육에 쓰기 때문이다.

일부 인간 사회에서도 여전히 그렇다. 어떤 방식의 피임법도 사용하지 않는 자연번식 사회에서는 월경이 매우 드문 일이다. 대부분의 가임 여성들이 이미 임신 중이거나 아기에게 젖을 먹이고 있기 때문이다. 말리의 자연번식 집단인 도곤(Dogon)의 여성들은 평생 100번 정도의 월경을 경험한다. 아마 우리 종의 조상들도 그랬을 것이다. 이에 반해 현대 여성들은 평생 300~500회의 월경을 경험한다. 이것은 진화사에서 매우 이례적인 사건이다.

월경은 여성의 몸에서 일어나는 보편적이고 생물학적인 사건으로 인류라는 생물종을 보존하기 위해 진화되었다. 그런데 어처구니없게도 월경증후군이란 이름으로 하나의 질병으로 분류하기도 하고 여성을 억압하는 수단, 여성혐오의 소재로도 쓰이고 있다. 고통스러운 월경은 인류를 보존하기 위한 과정이다. 그 덕분에 우리가 푸른 하늘 아래 살고 있는 것이다. 월경 만세!

환경과 적응

폐경이
진화한 까닭

생명체는 유전자의 운반체다. 따라서 동물이 죽을 때까지 종족 번식이 가능한 것은 당연한 일이다. 생식이 가능하지 않은 개체가 삶을 유지하는 것은 유전자의 입장에서 봤을 때 아무런 이득이 없기 때문이다.

그런데 인간 여성은 그렇지가 않다. 대략 50세가 넘어가면 더 이상 월경이 없다. 완경(또는 폐경)된다. 완경된 순간 생식 능력을 상실한다. 그 후에도 대략 30년 이상을 더 생존한다. 이상한 일이다. 인간의 수명이 최근 급격히 증가해서 발생한 특수 상황이라고 이해할 수도 있다. 하지만 간단하지가 않다. 인간 외에도 완경이 있는 동물이 또 있기 때문이다. 범고래와 들쇠고래도 완경이 있다. 생식 능력 없이도 수십 년을 산다. 그렇다면 완경이 느닷없이 진화에 등장한 까닭은 무엇일까?

범고래 수컷은 수명이 30살 정도지만 암컷은 80살가량은 거뜬히 산다. 105살까지 산 기록도 있다. 엄마와 딸이 동시에 새끼를 출산할 수 있는 구조다. 일반적으로 나이든 엄마가 낳은 새끼는 생존 확률이 낮다. 출산은 값비싼 과정인데 새끼가 일찍 죽는다면 큰 낭비다. 유전자의 입장에서 보면 늙은 암컷은 엄마보다는 할머니 역할에 전념하는 게 번식에 더 이익이다. 완경은 협동의 산물이라는 뜻이다.

그렇다면 엄마의 새끼가 딸의 새끼보다 생존 확률이 낮은 이유가 뭘까? 엄마와 딸 모두 함께 살기 때문에 이들은 같은 자원을 공유해야 한다. 나이든 엄마는 먹이를 찾아 사냥하는 데 더 익숙하지만 사냥한 먹이를 배분하는 과정에서는 딸의 경쟁력이 더 세다. 나이든 엄마는 집단에서 챙겨야 할 일이 많아 자식에게 전념하지 못하는 사이에 젊은 딸은 힘과 빼돌리기 수법으로 자기 자식에게 더 많은 자원을 배분한다. 나이든 엄마가 낳은 자식은 생존하기 어렵다. 나이든 엄마는 '세대 간 경쟁'에서 패배하는 것이다. 결국 나이든 엄마는 완경하고 새끼를 낳지 않는 방법으로 진화했다.

인간에게서 완경이 진화한 까닭에 대한 연구는 아직 없지만 여기에도 역시 협동과 세대 간 경쟁이라는 두 가지 배경이 깔려 있을 것이다.

1
.
5
도

네덜란드 화가 헨드리크 아베르캄프(Hendrik Averkamp, 1585~1634)는 주로 네덜란드의 겨울 풍경을 그렸다. 비록 그는 태어날 때부터 듣지 못하는 농인이었지만 그는 사람들을 활기차게 표현했다. 그는 추운 날씨에도 불구하고 야외에서 다양한 놀이를 하는 군중들을 꼼꼼하고 세밀하게 화폭에 담았다. 「운하의 겨울 풍경(Winter Scene on Canal)」은 1620년 작품이다. 상상하기 힘들 정도로 다양한 연령대의 사람들이 잡다하게 등장하지만 정말 아름다운 그림이다. 아베르캄프는 사실적인 풍경화가였다. 상상으로 그린 게 아니라 추위를 무릅쓰고 현장에 나가서 실제 보이는 대로 그렸다. 그런데 겨울에 운하 위로 사람들이 걸어다니고 놀이를 하는 풍경을 이제는 네덜란드에서 거의 볼 수 없다. 왜 그럴까? 네덜란드 사람들의 생활양식이 바뀌었기 때문만은 아니다. 네

환경과 적응

「운하의 겨울 풍경」 (헨드릭 아베르캄프 1620년 작). 17세기 소빙하기의 전형적인 네덜란드 겨울 풍경이다. 운하가 꽁꽁 얼어서 배가 다니지 못한다. 당시 평균 기온은 이전 시대보다 단지 0.2도 낮았을 뿐이다.

덜란드의 운하는 이제 꽁꽁 얼지 않으며 배가 옴짝달싹하지 못하는 일도 더 이상은 없다. 17세기는 지금보다 훨씬 더 추웠다.

삶을 바꾼 소빙하기

17세기 추위는 비단 네덜란드만의 문제가 아니었다. 그린란드 북동부에서는 빙상에서 떨어져 나온 빙하가 해안까지 이동하면서 그나마 사람이 살 수 있던 장소가 사라져버렸다. 알프스에서도 빙하가 이동하면서 강을 막아 산기슭에서 홍수가 자주 발생했다. 마치 아베르캄프의 그림에 나오는 네덜란드 운하처럼 런던의 템스강도 겨울에는 꽁꽁 얼어붙어서 아침마다 강 위에서 시장이 열리곤 했다. 지금은 모두 볼 수 없는 풍경들이다.

추위가 단지 겨울 풍경만 바꾼 게 아니었다. 유럽에서는 눈사태와 홍수가 빈발해지면서 경작지가 크게 줄어들었다. 그 결과 1800년에는 밀 가격이 1500년보다 열 배나 비싸졌다. 이것은 유럽만의 문제가 아니었다. 일본에서도 1641년부터 1838년 사이에 네 차례에 걸쳐 대기근이 발생했는데 그 원인은 모두 추위였다. 한반도도 예외가 아니어서 『조선왕조실록』은 현종 때의 경신대기근(1670~1671)과 숙종 때의 을병대기근(1695~1696)을 기록하고 있다. 경신대기근이 얼마나 지독했는지 임진왜란을 겪은 노인들이 "왜란 때도 이것보다는 나았다"라고 할 정도였다고 전해진다. 보통 기근은 지역적으로 발생하는데 두 차례의 대기근은 조선 팔도 전체가 흉작이라는 초유의 사태가 발생한 것이다.

추위와 기근은 혁명과 전쟁으로 이어졌다. 영국에서는 청교도혁명(1642~1651)이 일어났고, 독일에서는 30년 전쟁(1618~1648)이 일어났다. 러시아의 스텐카 라진의 난(1670~1671), 중국 명나라의 이자성의 난(1641~1644)도 이때의 일이다.

도대체 17세기에는 지구 기온이 얼마나 떨어졌던 것일까? 17세기는 소빙하기였다. 굳이 앞에 소(小)라고 붙이기도 했지만 전 세계적으로 평균 기온이 불과 0.2도 떨어졌을 뿐이다. 하지만 인간 활동에는 큰 영향을 끼쳤다. 17세기 소빙하기의 원인에 대해서는 한때 태양의 흑점 수가 감소한 것과 관련이 있다는 주장이 우세했지만, 현재는 흑점 수와 소빙하기 사이에는 연관이 있다고 생각되지 않으며 소빙하기의 원인은 밝혀지지 않았다.

여름이 없는 해

다시 네덜란드 이야기다. 하지만 이번에는 위치도 다르고 재앙의 규모도 다르다. 1815년 4월 10일과 11일 이틀 동안 당시 네덜란드 식민지였던 인도네시아에서 거대한 화산이 폭발하였다. 자카르타에서 동쪽으로 1,000킬로미터 떨어진 숨바와섬의 탐보라 화산이 과거 천 년을 통틀어 가장 큰 분화를 일으켰다. 폭발이 얼마나 위력적이었는지 1,500 킬로미터 떨어진 수마트라섬에서도 대포 소리 같은 폭발음이 들렸다고 전해진다. (물론 나는 이런 말을 믿지 않는다.)

하지만 거대한 폭발이었던 것은 분명하다. 원래 높이 4,200미터였던 탐보라 산은 폭발로 꼭대기 1,400미터가 날아갔다. 150억 톤의 화산재가 빙출되었으며, 탐보라 인근 지역은 순식간에 화산재에 파묻혔다. 당시 숨바와섬에는 약 1만 2,000명의 주민이 살았지만 생존자는 단 26명이었다. 화산 폭발에 이은 쓰나미로 인도네시아에서만 10만 명 이상이 사망했다.

화산재는 무역풍을 타고 서쪽으로 날아갔다. 이탈리아와 헝가리에 갈색 눈이 내렸다. 지표면에서 고도 10킬로미터에 이르는 대류권 위에는 지상 10킬로미터에서 50킬로미터에 이르는 성층권이 있다. 화산재는 성층권까지 이르러 햇빛을 가로막았다. 그리고 탐보라 화산이 폭발한 이듬해인 1816년 유럽과 북아메리카 동부 지역은 '여름이 없는 해(Year Without a Summer)'로 기록된다.

정말로 여름이 사라졌다. 런던에서는 8월 31일에 눈이 내렸다. 미국 북동부 뉴잉글랜드 내륙 지방에서는 6월 6일부터 3일 동안 15센티미터의 눈이 내렸으며 한여름인 7~8월에 얼음이 얼 정도의 추운 날이 며칠씩 계속되었다. 코네티컷의 예일 대학의 기록에 따르면 1816년의 기온은 예년에 비해 평균 13.8도 낮았다.

탐보라 화산 폭발의 결과 기후의 변화는 컸지만 다행히 그 영향은 일

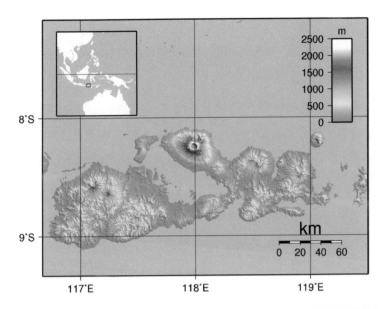

1815년 인도네시아 탐보라 화산이 폭발하자 이듬해인 1816년에는 유럽과 아메리카 대륙 동부에서 여름이 사라졌다. 하지만 그 영향은 국지적이었으며 오래가지 않았다.

시적이고 국지적이었다. 1816년에 조선, 중국, 일본의 기상이변이나 기근의 기록은 없다.

닥쳐올 더위

온난화라는 기후 변화를 겪고 있는 21세기에 굳이 17세기의 소빙하기를 거론한 까닭이 있다. 소빙하기의 기후 변화는 규모가 작았지만 인간 활동에 끼친 영향은 심각했다. 소빙하기의 영향을 파악하면 앞으로 지구온난화가 인간 활동에 어떤 정도의 영향을 미칠지 예측할 수 있을 것이기 때문이다.

기후 변화에 관한 정부 간 패널인 IPCC에 따르면, 앞으로 100년 동안 지구 기온이 무려 6도까지 오를 것이라고 한다. 주말의 기온이 금요일보다 6도 높다는 것은 외출할 때 두꺼운 외투는 집에 놔둬도 된다는 의미일 뿐이지만, 지구 평균 기온이 6도 오른다는 것은 전혀 다른 차원의 일이다. 7만 년 전 인도네시아에서 엄청난 화산 폭발이 일어나면서 화산재가 햇빛을 가려서 지구 평균 기온이 6도 떨어지자 지구상의 인류는 거의 절멸할 뻔했다. 전 세계 인구가 1만 5,000~4만 명으로 줄어들었다. 온도가 6도 떨어지면서 인류가 거의 멸종할 뻔했다면, 온도가 6도 오르면 어떤 일이 일어날지 충분히 짐작할 수 있을 것이다.

하지만 앞으로 100년 안에 온도가 6도나 오를 것이라는 예측은 과도하다. 그러나 가장 보수적인 학자들조차 지금 추세대로 간다면 앞으로 100년 동안 온도 상승의 폭이 1.8~3.4도에 이를 것으로 예측하고 있다. 그렇다면 인류의 활동은 어떻게 변할까? 지구온난화의 최전선 현장을 추적하고 있는 환경운동가 마크 라이너스(Mark Lynass)는 『6도의 멸종』에서 다음과 같이 예측했다.

온도가 1도 오르면 아프리카 킬리만자로 정상의 만년빙이 사라지고, 산 아래 사람들은 물 부족 현상에 시달리며, 세계 각지의 희귀 동식물이 서서히 멸종할 것이다. 온도가 2도 오르면 그린란드 빙하가 녹으면서 해수면이 상승하여 해안가에 있던 도시들이 물에 잠기며, 이산화탄소의 절반이 바다에 흡수되면서 석회질로 된 생물들이 죽어간다. 3도 오르면 양의 되먹임 현상으로 온난화는 가속된다. 아마존 우림지대가 거의 붕괴하고 말레이시아와 인도네시아의 이탄(泥炭)층이 불에 탄다. 지구 평균 기온이 4도 오르면 남극 빙하가 완전히 붕괴한다. 시베리아, 알래스카, 캐나다 북부의 영구동토층이 녹고 메탄하이드레이트에 포획되어 있던 온실가스인 메탄이 대량으로 방출된다. 5도 오르면 북극과 남극의 빙하가 모두 사라지고 정글도 불타 없어진다. 간신히 살아남은 사람들은 식량을 확보하기 위한 만인 대 만인의 투쟁을 벌인다. 6도 오르면 죽은 생물들의 시체에서 발생한 황화수소가 오존층을 파괴하여 자외선을 크게 증가시킨다. 지구에 사는 모든 생명체의 대멸종이 진행된다.

1.5도에서 막아야

산업 혁명 이후 최근 150년 동안 지구의 평균 기온은 0.85도 올랐을 뿐이다. 이 정도 기온 상승은 대멸종과는 거리가 멀다. 단지 대구에서 키우던 사과를 파주에서 키울 수 있을 정도로 경작의 남북방 한계선이 이동한 정도에 불과하다. 하지만 기온 상승이 임계점을 넘어서면 더 이상 우리의 손으로 어쩔 수 없게 된다. 전문가들은 그 임계점을 2도로 보고 있다.

2015년 12월 21차 기후변화협약 당사국 총회장 앞에서 국제환경단체 활동가들이 지구 온도상승 억제 목표 1.5도와 선진국의 책임 이행을 요구하고 있다. [환경운동연합]

　지구온난화 문제에는 분명히 출구가 있다. 현재의 기온 상승은 자연의 힘에 의한 것이 아니라 우리 인류의 활동 결과에 따른 것이기 때문이다. 문제가 인간으로 인해 발생했다면 해결도 인간이 할 수 있는 것이다. 하지만 그 출구는 넓지 않다. 매일 매일 좁아지고 있다. 그리고 우리는 여전히 행동하고 있지 않다.

　아마도 인류는 기후 파탄이 명백해진 다음에야 결심할 것 같다. 그런데 우리가 온실가스 배출을 멈춘 다음에도 지난 30년 간 배출된 온실가스로 인한 고통을 받아야 한다. 지구온난화의 충격은 천천히 오는 법이기 때문이다. 따라서 우리는 2도라는 임계점까지 감내해서는 소용이 없다. 지구온난화 활동가들은 1.5도에서 막는 방책을 세우라고 요구하

환경과 적응

고 있다. 20세기 이후 빈번히 발생하는 이상기후 현상은 우연이 아니다. 지구는 우리에게 계속 재앙을 경고하고 있다. 파멸에 이르지 않으려면 우리가 지금 당장 나서야 한다. 1.5도에서 막아야 한다.

250만 분의 1

ⓒ이정모, 2018

초판 1쇄 인쇄일 2018년 2월 26일
초판 1쇄 발행일 2018년 3월 01일

지은이 | 이정모
펴낸이 | 배문성
디자인 | 채홍디자인
편집 | 이정미
마케팅 | 김영란

펴낸곳 | 나무플러스나무
출판등록 | 제2012-000158호
주소 | 경기도 고양시 일산서구 송포로 447번길 79-8(가좌동)
전화 | 031-922-5049
팩스 | 031-922-5047
전자우편 | likeastone@hanmail.net

ISBN 978-89-98529-17-8 03400

• 이 도서의 국립중앙도서관 출판예정도서목록(CIP)은 서지정보유통지원시스템 홈페이지
  (http://seoji.nl.go.kr)와 국가자료공동목록시스템(http://www.nl.go.kr/kolisnet)에서
  이용하실 수 있습니다. (CIP제어번호: CIP2018005830)